KB144670

숫자와 기호에 담긴 비밀

수와 기호의 신비

KAZU TO KIGO NO FUSHIGI
Copyright © 2019 Ryo Honmaru
Illustration : Masakazu Yasuda
Korean translation copyright © 2021 Sung An Dang, Inc.
Original Japanese language edition published by
SB Creative Corp.
Korean translation rights arranged with
SB Creative Corp., through Danny Hong Agency.

숫자와 기호에 담긴 비밀

수와 기호의 신비

혼마루 료 지음 | 박영훈 감역 | 김희성 옮김

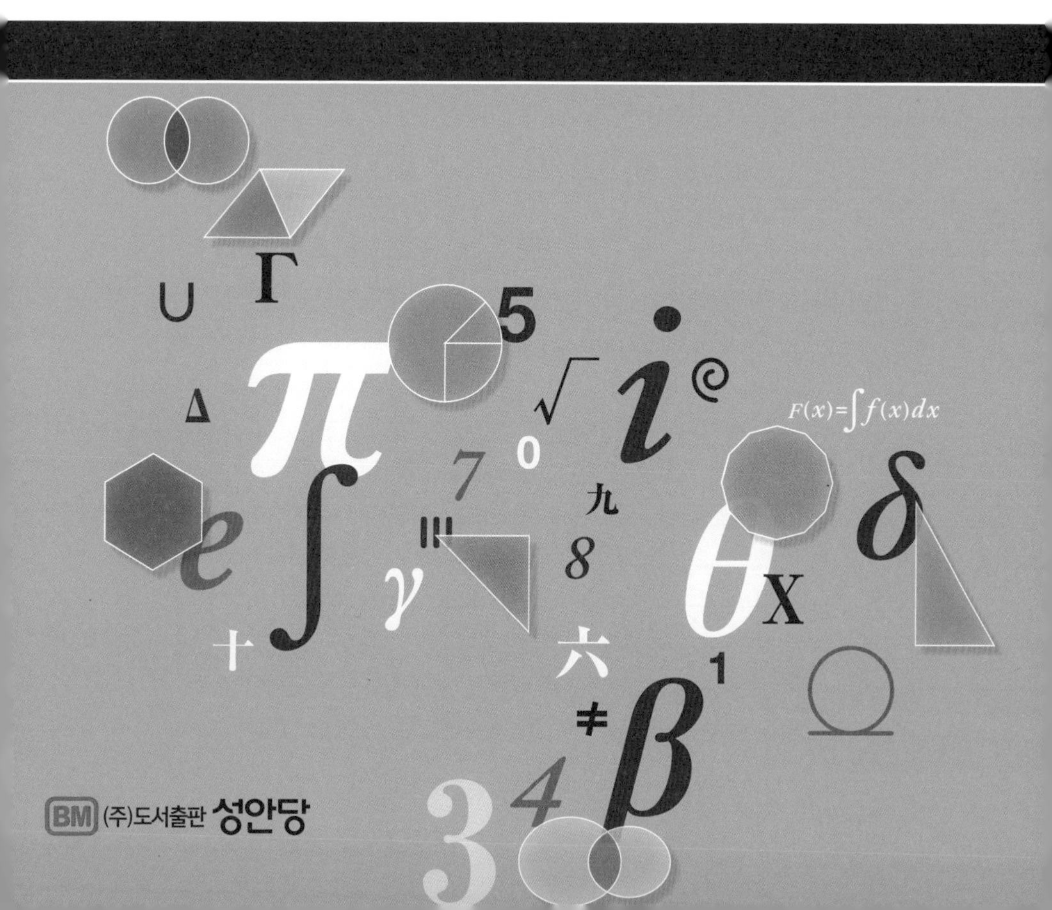

머리말

〈셜록 홈즈의 귀환〉(13개 단편을 수록)에는 춤추는 인형이라는 작품이 있고 그 테마는 아래 그림 기호의 해독입니다.

언뜻 놀고 있는 것처럼 보이는 하나하나의 인형이 실은 영어 알파벳(이하 알파벳) 문자에 각각 대응하고 있습니다. 도대체 어떤 내용을 전하고 있는 걸까요…? 의뢰인에게 쫓기는 위기에서 벗어나기 위해서는 이 암호문을 빨리 해독하지 않으면 안 됩니다.

그럴 때, '가장 많이 나오는 문자는 e, 다음으로는 t와 a이다'라는 통계적인 사실(빈도 분석)을 알고만 있어도 암호를 해독하는 데 큰 단서가 됩니다.

생각해 보면 e와 a 등도 기호입니다(수학에서 e는 오일러수로 알려져 있습니다). 그뿐인가요, 숫자도 기호입니다. 하나, 둘, 셋…을 고대 사람들이 Ⅰ, Ⅱ, Ⅲ…이라고 표현한 것은 쉽게 수긍이 되지만 왜 다섯은 ⅡⅡⅠ이 아니라 V라는 형태를 하고 있는 걸까요. 그것은 인간의 해독 능력과도 관련되어 있다고 합니다. 다만 이러한 숫자를 몰랐던 사람들도 있었을 테지요. 그들은 어떤 식으로 수량을 확인했을까요.

여러 가지로 의문이 들지만 기호를 알고 있으면 쉽게 이해할 수 있는 것만은 확실합니다. 특히 수학 기호는 기호 중에서도 그런 경향이 가장 두드러진다고 할 수 있지요. Σ(시그마), ∫(인테그랄) 같은 기호는 보기만 해도 무시무시하지만 기호의 유래와 의미를 알면 저절로 내용도 이해됩니다. 기호의 의미를 모르면 복잡기괴해 보여도 일단 의미를 알고 나면 두려운 것이 아니라 오히려 이해를 돕는 수단이 된답니다.

이 책에서는 수학 기호를 중심으로 역사와 연관성을 가지면서 하나의 형태로 정해지기까지의 재미, 기호로서의 심플함, 발명한 사람의 영향력의 크기 등 다양한 관점에서 살펴봅니다.

책의 2부에서는 장르별이 아닌 ABC 순서대로 항목을 정리했습니다. 때문에 미분 $\left(\frac{dy}{dx}, y'\right)$와 적분($\int$)의 설명이 떨어져 있고 계차수열을 $\{b_n\}$라고 해서 b에 포함하는 등 다소 억지로 배열한 면도 없지 않지만, 교과서적인 해설을 배제하고 각 수학의 기호가 가진 의미를 쉽게 전달하려는 의도라고 이해해주기 바랍니다(이 책을 담당한 편집자의 아이디어입니다).

마지막으로 책의 내용에 대해 귀중한 의견을 주신 사이타마대학의 오카베 츠네하루 명예교수와 세부적인 부분까지 교열을 맡아주신 하세가와 에미(홋카이도대학대학원 수료, 수학 전공)께는 이 자리를 빌려 깊은 감사의 뜻을 전합니다. 또 이 책의 기획을 담당하고 엄격하게 지도해준 SB Creative의 다가미 리카코, 그리고 이츠이 아츠마사 편집장에게도 감사 인사를 드립니다.

2019년 10월 혼마루 료

CONTENTS

CONTENTS

지호

F대학 이공학부 출신. Y사의 제품개발부에 근무한다. 후배인 유미의 소박한 의문에 선뜻 대답해주는 친절한 선배이다. 다만 말투가 부드럽지는 않다.

Y사의 고양이.
유미를 잘 따른다.

유미

지호와 같은 F대학 경제학부 출신. Y사의 경리부에 배속되어 있다. 의외로 심지가 강하고 모르는 것은 이해할 때까지 파고든다.

제 1 장

숫자편

1

숫자 기호의 발명이
사람과 동물을 갈라놓았다?

1대 1 대응?
수에 도달하기까지는…

수에 관해서는 다양한 에피소드가 전해진다(역사상 사실인지의 여부가 확실하지 않은 것도 포함해서).

우선 일본 전국시대의 일이다. 오다 노부나가가 부하에게 '저 산의 나무가 몇 그루인지를 조사해라'라는 무리한 명령을 내렸다고 한다.

대부분의 부하는 같은 나무를 중복해서 두세 번 헤아리거나 빼먹고 헤아리지 않은 나무가 있는 등 정확하게 헤아리지 못해 어찌할 바를 몰라 하던 중에 기노시타 도키치로(훗날의 도요토미 히데요시)가 등장한다. 도키치로는 부하에게 여러 개의 끈을 주고 나무 하나하나에 끈을 하나씩 동여매도록 해서 중복되지 않으면서도 빠짐없이 모든 나무의 수를 정확하게 헤아렸다고 한다.

가령 1만 개의 끈을 준비해서 1,300개의 끈이 남았다고 하면 산에는 8,700그루의 나무가 있다는 얘기가 된다.

이 이야기는 후세 사람들이 지어낸 것일지도 모르지만, 이와 같이 한 그루의 나무에 하나의 끈을 대응시키는 것을 **1대 1 대응**이라고 한다.

영국의 논리학자이자 철학자, 사회학자인 버트런드 러셀(Bertrand Russell, 1872~1970)은 수학에 대해 다음과 같이 설명했다.

두 마리의 꿩과 이틀간의 2가 '같은 2'라는 것을 깨닫기까지 인류는 수많은 세월이 걸렸다.

It must have required many ages to discover that a brace of pheasants and a couple of days were both instances of the number 2 : the degree of abstraction involved is far from easy.
(Bertrand Russell 〈Introduction to Mathematical Philosophy〉에서)

두 마리의 꿩과 이틀간의 '2'는 같다…고 깨달았다.

1대 1 대응이란

여기에서 두 마리의 꿩이니 이틀간이니 하는 구체적인 것에서 추상적인 '2'라는 개념을 도출한다. 바로 이것이 '**수**'라고 불리는 것이다.

이 경우 **'수'는 여전히 추상적인 개념**이다. 수를 표현하기 위한 형태, 즉 사람들의 눈에 보이는 형태인 **숫자**는 없었다.

숫자가 없으면 두 개의 물건이 같은 양인지, 또 어느 쪽이 많은지를 명확하게 비교할 수 없지만, 1대 1 대응을 이용하면 숫자가 없어도 어떻게든 해결할 수 있다.

다음 그림을 보면 다섯 송이의 꽃에 다섯 마리의 꿀벌이 찾아왔다. 다섯 마리의 꿀벌과 다섯 송이의 꽃은 하나씩 대응한다.

꿀벌과 꽃을 1대 1 대응으로 보면….

이런 식으로 대응하면 적어도 같은 양인지 어느 쪽이 많은지, 수를 헤아리지 못해도 알 수 있다.

✓ 양치기 목동은 수를 어떻게 확인했을까?

수의 표현을 모르는 사람도 자신이 하는 일이 잘못되지 않았다는 결백함을 증명하고 싶을 때가 있다.

예를 들어 수를 헤아리지 못하는 양치기 목동이 매일 아침 풀을 뜯어먹이러 울타리에서 양을 꺼내는 경우를 생각해보자.

이때 양 한 마리당 하나의 점토로 만든 구슬(작은 돌도 상관없다)을 점토로 만든 용기에 넣는다. 30마리를 꺼냈다면 30개의 돌을 넣고 주인에게 보여서 확인받은 후 뚜껑을 닫는다.

목동이 돌아오면 용기를 깨서 양의 마리 수와 구슬의 수를 대응시키면 모든 양이 무사히 돌아왔는지 아닌지 수를 헤아리지 않아도 확인할 수 있다.

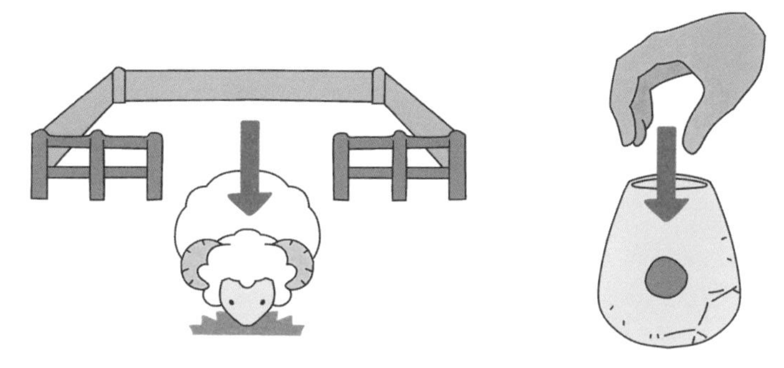

수를 헤아리지 못하는 목동의 '양을 헤아리는 법'이란?

이 이야기는 1928~1929년에 바그다드 궁전 터가 발굴되면서 그림과 같은 점토 용기가 발견됐고, 거기에서 나온 49개의 점토로 만든 구슬과 용기에 새겨져 있던 문자에서 유추한 이야기로 전해진다.

(A. Leo Oppenheim 〈On an Operational Device in Mesopotamian Bureaucracy〉에서)

이런 곳에서도 1대 1 대응을 적용한 사례가 발견됐다!

생활 속에서도 1대 1 대응의 예를 생각해보자(완전한 1대 1 대응은 아니지만 대략적인 예로서).

호랑나비의 유충이 좋아하는 잎이 따로 있다는 사실을 알고 있을까. 이것도 큰 의미에서는 1대 1 대응이라고 할 수 있을 것 같다.

아래 그림을 보고 파슬리, 마두령*, 레몬에 달라붙어 있는 유충은 오른쪽의 어느 호랑나비로 성장할지 예상할 수 있을까(대략적인 대응이다).

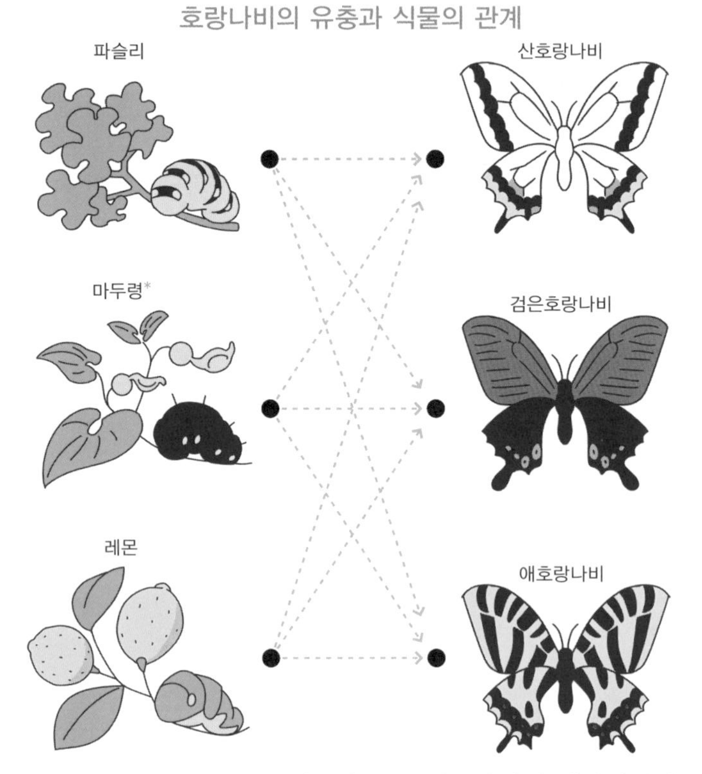

또 하나 가까운 예를 들어본다. A~G의 8사람이 사다리타기를 해서 1등부터 8등까지 상품에 당첨되는 것도 1대 1 대응의 사례라고 할 수 있다.

위의 답 : 산호랑나비의 유충은 파슬리를 좋아하고 검은호랑나비의 유충은 레몬 등 감귤류의 잎을 좋아하고 애호랑나비는 마두령과 족도리풀속 등의 잎을 좋아한다.

* 마두령(馬兜鈴) : 방울풀과 식물인 방울풀(쥐방울)

이집트 숫자란?

수가 숫자로 스텝 업

수는 개념에 지나지 않는다면 그 개념을 형태로 표현하는 기호가 필요하다. 이것이 **숫자**이다. 1이나 2의 차이를 누구나 알 수 있게 하려면 가로나 세로로 직선을 그리는 것이 자연스럽다. 아니면 돌멩이 같은 ○를 하나, 둘… 놓는 형태도 숫자 기호가 된다.

다양한 숫자가 세계 각지에서 등장했는데, 아래의 그림은 고대 이집트의 숫자이다.

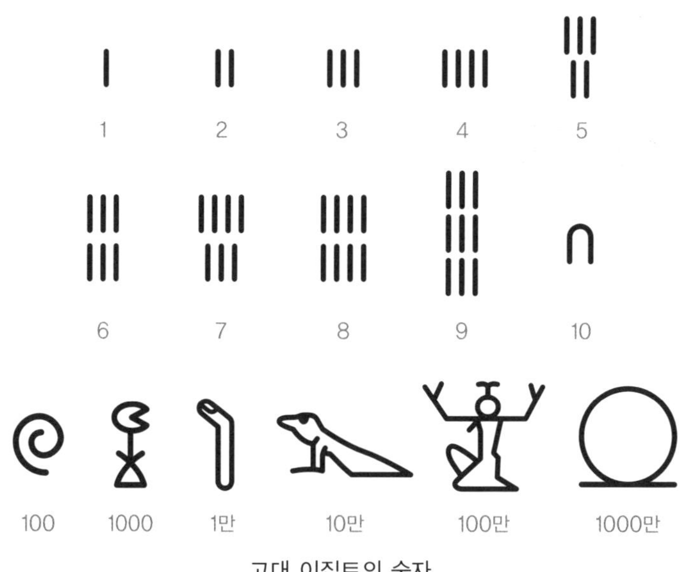

고대 이집트의 숫자

1~4는 세로로 직선을 그었다. 그러나 5가 되니 1~4와 마찬가지로 다섯 개의 직선을 긋지 않았다. 5 이상의 숫자 표기 방법이 다른 것은 다른 지역이나 시대에서도 볼 수 있다. 그 이유는 직선이나 돌멩이가 가지런히 나열되어 있지 않으면 사람은 순간적으로 5와 4를 구별하기 어렵기 때문이다. 그래서 5의 단계에서 사선을 긋거나 다른 식으로 표현하는 방법을 생각해냈다. 5에서 일단락 짓는 것은 동서고금 다르지 않다.

그리고 이집트에서는 앞 페이지의 그림과 같이 5부터는 2~3행으로 나누어서 표시하고 다시 10이 되면 새로운 숫자 기호를 이용했다. 그것이 '∩'이다.

다음으로 100의 기호를 생각해냈다. 그림의 모기향처럼 생긴 기호는 끈을 나타낸다고 한다. 당시 이집트의 끈은 '100단위'라는 길이를 갖고 있었기 때문이다.

1000은 연꽃 또는 수련으로 여겨진다. 그러나 연꽃과 수련은 다르다. 이집트에서는 흰색 수련을 '나일의 신부'라고 불렀던 점과 현재의 이집트 국화(國花)가 수련인 점을 생각하면 수련이라고 생각하는 것이 타당할 것이다. 나일강에는 수련이 많이 피었기 때문에 '가득'하다는 이미지를 가진 것일지도 모른다. 또 이집트 신화에는 밤에 피는 수련에서 세상이 창조되었다는 이야기가 전해진다.

10000(1만)은 파피루스의 싹이라고 여겨진다. 나일강이 범람한 후 파피루스가 단숨에 싹이 튼 것에서 채용한 것 같다. 100000(10만)은 악어처럼 보이지만 올챙이일 것으로 추정된다. 나일강에 올챙이가 우글우글 떠 있는 모습이 떠오른다.

1000000(100만)은 너무 많아 놀란 모습에서, 또 1000만의 기호는 태양의 형태이다.

α, β, γ…

그리스 숫자란?
전기와 후기가 다른 숫자

✓ 고대 그리스 숫자는 정리되어 있었다

이집트 다음은 역시 고대 그리스이다. 고대 그리스에서는 다음과 같은 숫자(아티카식)를 사용했다(다음 항의 로마 숫자와 비슷하지만 다르다).

Ⅰ	Ⅱ	Ⅲ	Ⅳ	Γ
1	2	3	4	5
ΓⅠ	ΓⅡ	ΓⅢ	ΓⅣ	Δ
6	7	8	9	10
ΔΓ	ΔΔ	Γ^{Δ}	Η	Γ^{H}
15	20	50	100	500
Χ	Γ^{X}	Μ	Γ^{M}	
1000	5000	1만	5만	

1~4는 고대 이집트와 마찬가지로 세로 직선이지만 5가 되면 고대 이집트와 같이 세로 직선을 2행으로 나열하지 않고 하나의 새로운 숫자 기호 'Γ'를 만든 점이 다르다.

새로운 5의 기호 Γ의 오른쪽 옆에 Ⅰ, Ⅱ, Ⅲ, ⅢⅠ을 ΓⅠ, ΓⅡ, ΓⅢ, ΓⅢⅠ과 같은 식으로 나열해서 6~9의 숫자를 표기했다. 그 후 Γ 기호는 더 발전된 방법으로 사용된다.

10에도 새로운 기호 Δ를 이용해서 20=ΔΔ, 30=ΔΔΔ, 40=ΔΔΔΔ이라고 표기했다. 또 50은 새로운 기호 Γ^{Δ}(Γ의 안에 Δ을

넣은 것)를 사용해서 60, 70, 80, 90을 표현할 수 있다. 더 큰 수는 아래와 같은 식으로 표기한다.

> 100은 H, 500은 Γ에 H를 넣은 𐅅이고 600이라면 𐅅H
> 1000은 X, 5000은 Γ에 X를 넣은 𐅆이고 6000이라면 𐅆X
> 10000은 M, 50000은 Γ에 M을 넣은 𐅇이고 6만이라면 𐅇M

이렇게 보면 고대 그리스 숫자는 너무도 가지런히 정리, 정돈된 형태를 하고 있다. 고대 그리스 숫자로 나타낼 수 있는 최대 수는 99999가 된다.

𐅇MMMM	𐅆XXXX	𐅅HHHH	𐅄ΔΔΔΔ	ΓIIII
90000	9000	900	90	9

그러나 위의 배치를 보면 고대 그리스 숫자는 매우 길어서 덧셈을 하려면 매우 복잡해진다.

이것이 후기의 그리스 숫자(**이오니아식**)가 되면 하나의 숫자에 하나의 기호를 할당하는 식으로 변화한다. 가령 $\omega\mu\beta$라고 적고 그것이 숫자(842)라고 나타낼 때는 $\omega\mu\beta'$와 같이 마지막에 아포스트로피를 붙여서 구별한다.

α	β	γ	δ	ε	ς	ζ	η	θ	ι	κ	λ	μ	ν	ξ	ο	π	ϙ
1	2	3	4	5	6	7	8	9	10	20	30	40	50	60	70	80	90

ρ	∂	τ	υ	φ	χ	ψ	ω	Э	,α	,β	,γ	……
100	200	300	400	500	600	700	800	900	1000	2000	3000	

Ⅰ, Ⅱ, Ⅲ…

로마 숫자의 신비

계산하기 쉬운 기호!?

다음으로 로마 숫자를 살펴보자. **로마 숫자**는 오래된 시계의 문자판에도 사용됐기 때문인지 **시계 숫자**라고도 불린다.

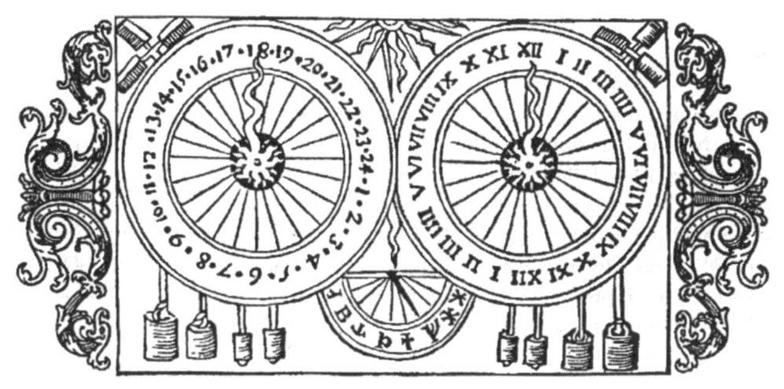

웁살라 대성당의 시계(16세기의 판화)

이 시계의 그림(판화)은 스웨덴의 웁살라 대성당(높이, 폭이 118.7m)에 있던 시계를 16세기에 그린 것으로 추정된다. 문자판에는 아라비아 숫자(계산용)와 로마 숫자 두 가지로 적혀 있다. 참고로 시계 자체는 대성당의 화재로 인해 소실됐다고 한다.

로마 숫자를 1부터 10까지 나열해보자. 로마 숫자는 대문자와 소문자를 구별하고 있다.

Ⅰ, Ⅱ, Ⅲ, Ⅳ(ⅢⅠ), Ⅴ, Ⅵ, Ⅶ, Ⅷ, Ⅸ(ⅧⅠ), Ⅹ
i, ii, iii, iv(iiii), v, vi, vii, viii, ix(viiii), x

또 한 가지 로마 숫자에는 큰 특징이 있다. 그것은 수학 자체에 덧셈, 뺄셈의 계산 기능을 갖고 있다는 점이다. 예를 들면, Ⅱ라는 숫자. 사실 이것은 2를 나타내는 숫자라기보다 1+1을 나타낸다. 즉 I의 오른쪽 옆에 I을 두면 I+I=II라는 덧셈이 되는 규칙이다.

II=I+I, III=II+I, IIII=III+I

그리고 4가 되면 두 가지 표기 방법이 있다. 초기에는 III에 이어서 IIII로 표현하는 방법(위의 그림과 같다)이었다.

또 한 가지 방법은 '5에서 1을 빼는(5−1)' 식이다. 이것은 나중에 생겨난 것으로 뺄셈의 관점을 적용하였다.

덧셈으로 4를 나타낸다 IIII=III+I

뺄셈으로 4를 나타낸다 IIII=Ⓥ−I=IV 뺄셈의 경우는 V의 왼쪽 옆에 둔다.

V는 '5'를 의미

뺄셈의 관점을 적용할 때에는 빼는 수(작은 수)는 큰 수(이 경우는 5=V)의 왼쪽 옆에 온다(오른쪽 옆에 두면 덧셈이 된다).

덧셈에서는 더하는 수를 오른쪽 옆에 둔다
뺄셈(감산칙)에서는 빼는 수를 왼쪽 옆에 둔다

이것은 고대 이집트와 마찬가지로 4나 5가 되면 구별이 어려웠기 때문이었을 거라고 생각된다. 예를 들어, I

I, II, III, IIII, IIIII, IIIIII, IIIIIII, IIIIIIII, IIIIIIIII

라고 적는다면 IIII(4)와 IIIII(5)도 구별하기 어려운데 IIIIII, IIIIIII, IIIIIIII, IIIIIIIII(6~9)가 되면 보는 것조차도 힘들다.

그래서 가운데 숫자인 5에서 새로운 숫자 기호 'V'를 생각해냈다. 4에 대해서는 V의 왼쪽 옆에 I을 둬서 뺄셈을 하도록 하도록 정했다. 그 결과 'Ⅳ'라는 기호가 탄생한다. 따라서 **Ⅳ는 숫자 기호인 동시에 뺄셈**이기도 하다.

다만 ⅢI라고 표기하는 것이 금지된 것은 아니다. 실제로 웁살라 대성당의 문자판을 봐도 그렇다. 그러나 일반적으로는 ⅢI보다는 뺄셈이 적용된 Ⅳ로 표기하는 예가 더 많은 것 같다.

그러면 4뿐 아니라 3의 경우도 'ⅡV'와 같이 표기해도 좋을까. 그것은 허용되지 않는다. 왜냐하면,

같은 모양이 4개 이상 연속하는 경우에 뺄셈을 적용한다

는 규칙이 있으며 3(Ⅲ)의 경우는 3연속에 불과하기 때문에 규칙 위반이 된다.

다음으로 5보다 큰 숫자를 생각해보자. 5보다 큰 경우 V의 오른쪽(즉, 덧셈)에 Ⅰ, Ⅱ, Ⅲ이라고 두면,

Ⅵ(6), Ⅶ(7), Ⅷ(8)

이라고 나타낼 수 있다. 9를 표기할 때도 4와 마찬가지로 '10-1'이라고 간주할 수 있다. 4회 이상 연속하기 때문이다. 여기서 로마인은 10의 새로운 기호 'X'를 만들었다. X 모양은 V의 기호를 위아래로 뒤집은 'Λ'를 V 아래에 붙여 '10의 숫자 X가 만들어졌다!고' 하는 얘기도 있지만 진위는 확실하지 않다.

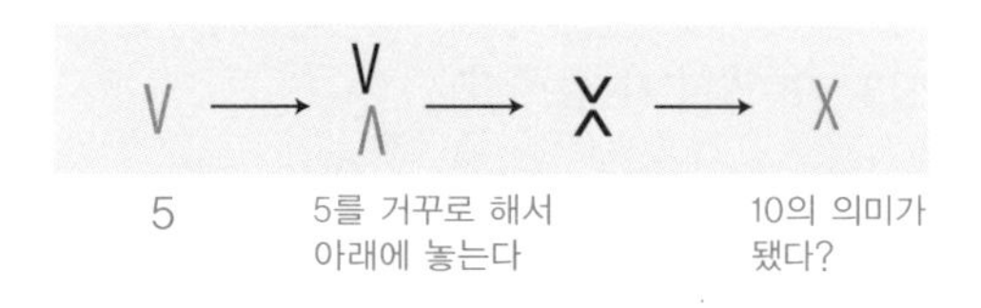

X의 왼쪽 옆에 I를 두어 'IX'라고 표기한다. 이것은 뺄셈이 적용되어 9가 된다. 다만 VIII에 I를 더해서 VIIII라고 해도 상관없지만 지금은 사용하지 않는다.

로마 숫자는 4000 이상의 숫자를 나타낼 수 없다?

로마 숫자에서는 50과 100, 500과 1000 등의 수를 표기할 때도 새로운 기호를 사용한다. 이 로마 숫자를 사용해서 숫자를 만들어보자.

로마 숫자	I	V	X	L	C	D	M
아라비아 숫자	1	5	10	50	100	500	1000

【문제】 로마 숫자를 사용해서 다음의 숫자를 나타내면?

① 40　② 700　③ 3141　④ 4000

① 40은 '50−10'이므로 L−X=XL

② 700은 '500+200'이므로 D+CC=DCC

③ 3141은 십의 자리인 '4'를 뺄셈식으로 표기하면

3000+100+(50−10)+1이므로 MMMCXLI

이 표기에서 자릿값이 구분되지 않음을 볼 수 있다. 자리를 정하면 몇 자리 숫자인지 바로 알 수 있지만 로마 숫자에서는 아마 알기 어렵지 않았을까.

④는 '표현할 수 없다'가 답이다.

그 이유는 로마 숫자에서 취급할 수 있는 정수는 1부터 3999까지로 여겨지기 때문이다. MMMM이라고 하면 4000을 표기할 수 있지만 같은 숫자 기호를 4개 연속시키지 않는다는 규칙이 있어

최댓값은 3999라고 할 수 있다.

다만 무엇이든 길은 있기 마련이다. 로마 숫자에는 몇 가지 다른 표기 방법이 있기 때문이다. 예를 들어 로마 숫자 위에 바(−)를 붙이고, 바를 붙인 부분은 1000배라고 생각한다. 가령 ‘$\overline{\text{VII}}$CCCLIX’라고 하면 7359가 된다.

이런 곳에 로마 숫자는 사용된다!

로마 숫자는 현대에도 특별하게 적용되는 사례가 발견된다. 애플의 MacOS에서는 시스템 9까지는 아라비아 숫자를 이용했지만, 10이 되자 MacOS10이라고 하지 않고 MacOS Ⅹ이라고 적고 ‘ten(텐)’이라고 읽었다(2016년부터 macOS 10.12와 같은 식으로 표기를 변경).

로마 법왕 베네딕트 16세는 Benedict ⅩⅥ이 정식명이며 영국 여왕은 엘리자베스 Ⅱ세, 그리고 일본의 헤비메탈 밴드 세이키마츠(聖飢魔) Ⅱ의 예도 있다.

로마 숫자는 현대에도 사용되고 있다

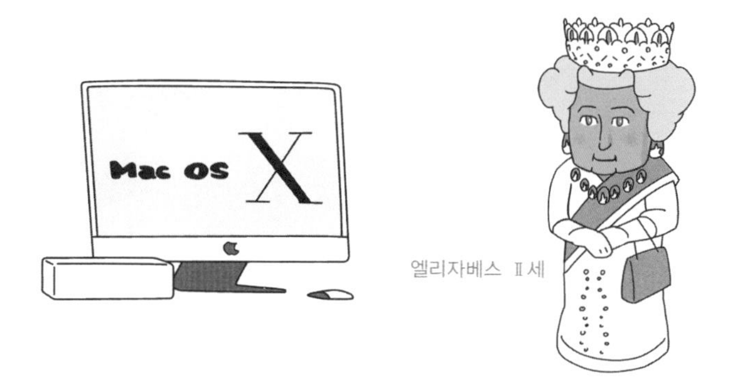

1, 2, 3, 4, 5…

인도 태생의 아라비아 숫자?

그리고 현재의 수학 기호가 탄생했다!

평소 우리들이 사용하고 있는 숫자, 1, 2, 3, 4, 5…는 **아라비아 숫자**라고 불린다. 본래 아라비아 숫자는 인도에서 생겨난 것으로, 인도 숫자라 불려야 하지만 유럽인들에게는 아라비아를 경유해서 자신들에게 전해진 숫자이기 때문에 아라비아 숫자라고 불리게 됐다. 따라서 원칙은 인도 숫자 혹은 **인도-아라비아 숫자**라고 해야 한다.

우리나라에서는 필산(筆算)에 이용됐기 때문에 **계산용 숫자**로 알려져 있다.

인도에서 아라비아를 경유해서 유럽으로

인도 수학의 가장 큰 공적은 뭐니 뭐니 해도 '0의 발견'이다. 고대 인도에서 이용된 브라흐미(Brāhmi) 숫자(기원전 3세기 이전)

에는 '0'은 없었지만 12세기 이탈리아 피사에 살던 레오나르도 피보나치(1170~1250년경)는 〈산반서(계산판에 대한 책)〉(Liber Abaci)에서 인도 아라비아 숫자에 '0'(zephir)이 존재한다고 기록했다.

'9개의 인도 숫자는 다음과 같이 9, 8, 7, 6, 5, 4, 3, 2, 1이다. 이들 9개의 숫자와 아랍인이 zephir(제로)라고 부르는 부호 0은 숫자가 아무것도 적혀 있지 않아도 0이 붙을 때마다 십씩 증가한다'고 되어 있다.

한편 레오나르도 피보나치 〈산반서〉의 영문 번역은 Springer의 아래 URL에서 구입 또는 참조할 수 있다.

https://www.springer.com

	1	2	3	4	5	6	7	8	9	0
12세기	1	2,2	3	4	5,5	6	7	8	9	0
12세기	1	2,2	3,3	4,4	5	6	7,7	8	9	0
13세기	1	2	3	4	5	6	7	8	9	0
13세기	1	2	3	4	5	6	7	8	9	0
14세기	1	2,2	3,3	4	5,5	6	7,7	8	9	0,0
14세기	1	2	3	4	5	6	7	8	9	0
15세기	1	2	3	4	5	6	7	8	9	0
15세기	1	2	3	4	5	6	7	8	9	0
16세기	1	2	3	4	5	6	7	8	9	10

※인도에 기원을 둔 아라비아 숫자는 15~16세기에 오늘날의 모양을 갖추게 됐다.

인도에서 탄생한 인도-아라비아 숫자의 '숫자' 변천

위치기수법에 '0'을 사용하는 이점

위치기수법에는 어떤 이점이 있을까. 반대로 말하면 위치기수법을 사용하지 않으면 어떤 단점이 있을까.

가령, 5301이라는 수가 있을 때 이것을 10의 자리 숫자가 '없다'고 기술하면 어떻게 될까. 즉 531과 같이 값이 없는 위치(자리)를 모두 메우고 적는 방식이라면 처음의 5가 100의 자리인지(531), 1000의 자리인지(5301이나 5031), 10000의 자리인지(53001이나 50301 등) 알 수 없다.

그래서 10의 자리에는 '아무것도 없다'는 것을 확실히 나타내는 기호로 '·'를 생각해냈고 다시 '0'을 생각한 것이다. 그러면 53·1 또는 5301이라고 적을 수 있다.

로마 숫자는 3999까지밖에 헤아릴 수 없지만 인도-아라비아 숫자는 '0'이 있음으로 해서 아무리 큰 숫자도 적을 수 있게 됐다. 아무것도 없음을 나타내는 0이 아무리 큰 수도 나타낼 수 있게 하는 기호다.

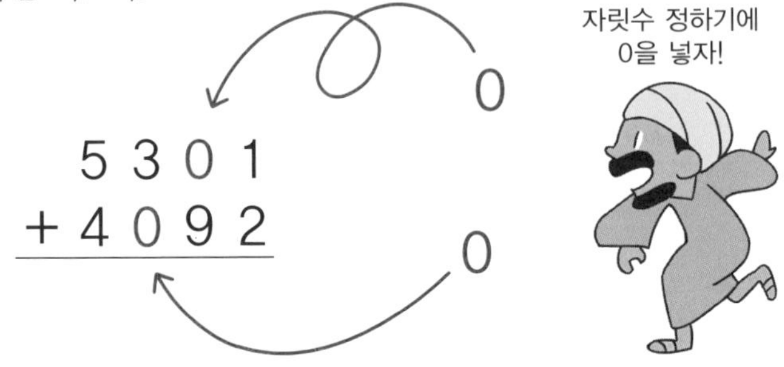

수학 기호 퀴즈

Q 다음 ①~⑩의 기호는 각각 아라비아어 숫자 0~9를 나타낸다. 각각 얼마인가?

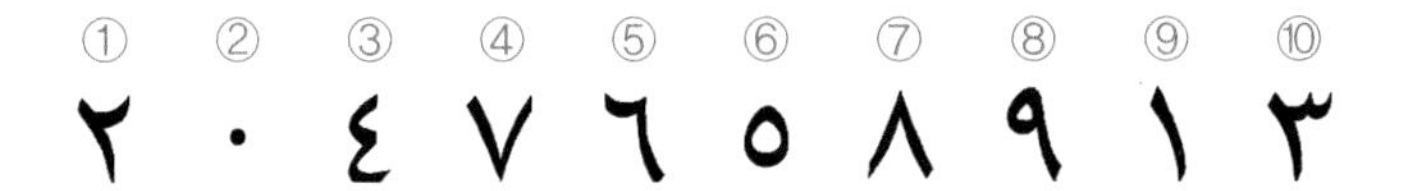

우리는 아라비아 숫자와 계산용 숫자는 같다고 생각하기 쉽지만 실제의 아라비아 숫자는 상당히 다르다. 혹시 중동 국가에 갈 일이 있으면 숫자를 읽을 수 있도록 미리 익혀두자.

정답	0	1	2	3	4	5	6	7	8	9
아라비아 숫자	٠	١	٢	٣	٤	٥	٦	٧	٨	٩
페르시아 숫자	۰	۱	۲	۳	۴	۵	۶	۷	۸	۹

필자가 테헤란 공항에 내려 우선 현지 통화(이란의 리얄)로 교환했을 때 몇 장의 지폐와 주화를 건네받고 '아! 뭐야, 이 숫자는?'이라고 생각했다. 여러분은 괜찮겠죠. 덧붙이면 아라비아 문자와 페르시아 문자는 오른쪽에서 왼쪽으로 적지만 숫자만은 왼쪽에서 오른쪽으로 적는다.

20리얄 지폐와 5리얄 주화

사물, 글자, 새…

그리스 · 라틴 유래의 수사(數詞)

언어의 어원도 알 수 있다

수량이나 순서를 나타내는 단어를 수사라고 한다. 보통 철도는 두 개의 레일 위를 달리지만, 레일이 하나인 경우 레일이라는 단어 앞에 그리스 수사인 1을 나타내는 mono를 붙여서 모노레일이라고 부르는 식이다.

그리스어 기원의 수사와 라틴어 기원의 수사를 10까지 알고 있으면 상당히 많은 단어를 이해할 수 있으므로 용례와 함께 기억해 두면 편리하다.

그리스 수사		
①	mono–	모노
②	di–	디, 다이
③	tri–	트리
④	tetra–	테트라
⑤	penta–	펜타
⑥	hexa–	헥사
⑦	hepta–	헵타
⑧	octa–	옥타
⑨	ennea–	엔네아
⑩	deca–	데카

라틴 수사		
①	uni–	유니
②	bi–	비
③	tri–	트리
④	quadr–	콰트로
⑤	quinqu–	퀸퀘
⑥	sex–	섹스
⑦	sept–	셉트
⑧	oct–	옥트
⑨	nona–	노나
⑩	deca–	데카

[모노, 유니=1]

모노폴리 … 독점. 한 회사에서 시장을 빼앗기 때문에

모노톤 … 단색. 먹물로 그린 그림

모노레일 … 레일이 하나이므로

유니크 … 유일한, 한 가지, 독특한, 둘은 없다. 유니크한 놈이라고 하면 이상한 사람이라는 부정적 이미지가 있지만 본래는 좋은 이미지로 사용하는 일이 많다.

유니폴라 트랜지스터 … 전자(電子)만을 캐리어로 사용하는 트랜지스터를 말한다. → 바이폴라 트랜지스터

유니폼 … 제복(하나로 통일된 옷).

[디, 다이, 비, 바이=2]

딜레마 … 둘(두 사람) 사이에 낀 것

바이폴라 트랜지스터 … 전자와 홀의 두 캐리어를 사용하는 트랜지스터를 말한다. → 유니폴라 트랜지스터

바이시클(자전거) … 이륜차이므로

바이너리(2진법) … 컴퓨터에서 주로 사용된다.

빌리언 … 1조. 영국에서는 100만(밀리언=million)의 제곱이므로 1조가 된다(롱 스케일이라고 한다). 다만 미국에서 빌리언(=billion)이라고 하면 100만의 1000배인 10억(숏 스케일)을 가리킨다. 최근에는 영국에서도 빌리언은 1000밀리언으로 사용되기도 하지만 billion이라고 하는 경우는 확인하는 것이 좋다.

[트리=3]

트리오 … 3인조

트라이애슬론 … 수영, 자전거, 장거리 달리기의 3종목 경기

트라이앵글 … 타악기

트리플 플레이 … 삼중살(三重殺)이라고도 한다. 야구에서 수

비 팀이 연속된 동작으로 세 명의 공격 팀 선수를 아웃시키는 플레이를 말한다.

[테트라, 콰트로=4]

테트라포드 … 해안의 침식을 방지를 위해 놓여 있는 사각 블록. 현재는 육각, 중공(中空) 삼각뿔형, 돔형 등도 있다. 한편 테트라포드(tetrapod, 중심에서 사방으로 발이 나와 있는 콘크리트 블록)는 상표 등록되어 있다.

테트라팩 … 음료 등의 용기로 사용되는 종이로 만든 정사면체의 상자(사각뿔이 아니라 삼각뿔). 삼각팩이라고도 한다. 한편 테트라팩(tetra pack)도 상표 등록되어 있으며 일반 명사는 종이팩이다. 또한 직육면체로 종이를 접은 상자형 종이 용기는 브릭 팩(상표 등록, 브릭이란 벽돌의 의미)이라고도 한다. 일반 명사는 역시 종이팩이다.

테트라 … 열대어의 종류. 남미에 사는 네온테트라, 카지널테트라 등 카라신과의 담수어. 일설에는 꼬리지느러미가 사각형이기 때문에 붙은 이름이라고 하지만 정확하지는 않다.

[펜타, 퀸퀘=5]

펜타곤 … 미국국방총성. 건물을 위에서 보면 정오각형이 되는 것에서 붙은 이름이다.

펜탁스 … 일본 카메라 제조사. 펜타프리즘의 오각형에서 유래한다.

[헥사, 섹스=6]

헥사데시멀 … 16진수.

헥사곤 … 6각형

[헵타, 셉트=7]

헵터키 … 7두(頭) 정치. 중세 초기 영국에 있었던 7왕국. 5~9

세기에 패권을 서로 경쟁했다.

[옥타, 옥트=8]

옥토퍼스 … 문어(다리가 8개이므로)

옥타브 … 음악에서 8도 음정(도레미파솔라시도)

옥탄가 … 가솔린이 연소할 때 이상폭발을 일으키지 않는 정도를 나타내는 수치. 옥탄이란 탄소 원자를 8개 가진 포화탄화수소를 말한다.

옥토버 … 현재는 10월이지만 원래는 8번째 달

[엔네아, 노나=9]

노벰버 … 현재는 11월이지만 9번째 달

[테카=10]

테카메론 … 〈열흘 간의 이야기〉

테카스론 … 10종 경기

이런 곳에서 사용할 수 있다!

1~10의 수사(數詞)를 보고 Y사의 경리부에서 일하는 유미 씨는 좀 이해가 되지 않는 것 같다. 곧바로 같은 대학 선배인 지호 씨(제품 개발부)에게 궁금한 점을 물어봤다.

유미: 선배! 이런 형태로 단어 앞에 수사를 붙인 것이 많이 있다는 것은 이해가 됐는데 잡학 지식에 불과하지 않나요. 고등학교 때 공부하던가 이걸 배워 도움이 된다면 몰라도….

지호: 고등학교? 영단어도 어원을 알면 연상이 돼서 의미가 쉽게 이해되잖아. 예를 들어 sub-는 아래에 또는 부(副)라는 의미이므로 subway(길 아래)는 지하철이고 submarine(바다 아래)은 잠수함을 뜻하지. 요즘 언어로는 서브 스크립션(subscription) 계약이라는 것도 있어.

유미: 화학은 무조건 다 외워야 했어요.

지호: 화학이야말로 그리스어·라틴어 수사가 도움이 돼. '2, 3, 4' 등의 의미를 포함하는 명칭에는 '디, 트리, 테트라'가 앞에 붙는 경우가 많아. 예를 들면 CH_3Cl은 클로로메탄이라고 읽지만(CH_3 부분이 메탄, Cl 부분이 클로로=염소), 그림을 봐도 알 수 있듯이 클로로=염소(Cl)는 1개였지. 여기서 Cl(클로로 : 염소)의 수가 2개, 3개, 4개로 늘면 이름이 규칙적으로 변하지.

CH_3Cl(클로로메탄) … Cl이 하나. 사물은 생략

→ CH_2Cl_2(**디**클로로메탄) … Cl이 두 개 '**디**'

→ $CHCl_3$(**트리**클로로메탄) … Cl이 세 개 '**트리**'

→ CCl_4(**테트라**클로로메탄) … Cl이 네 개 '**테트라**'

유미: 난 몰랐어요. 좀 더 일찍 알았으면 좋았을 걸….

지호: 지금부터라도 늦지 않아. 외우면 되지 뭐.

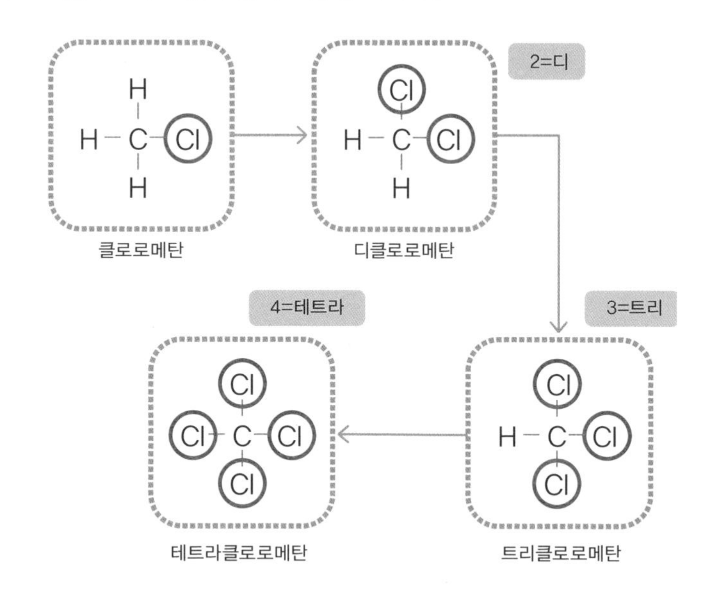

만, 억, 조, 경…

큰 수·작은 수

숫자 세계의 끝은?

수는 일, 십, 백, 천, 만이라고 세고 만 다음 단위는 억, 그 후는 조, 경, 해…와 같은 이름(수사, 명수법)이 있다.

예를 들어 만(10^4)의 경우 1000만(10^3만)까지는 만의 영역이지만 10000만(10^4만)이 되면, 다시 말해 다음의 만(10^8)으로 억이 된다. 이 억도 10000억(10^4억), 즉 다음의 만으로 조로 승격한다.

간단하게 말하면 1만 배 단위로 만 → 억 → 조 → 경 → 해…로 바뀌는 것이다(**만진**万進이라고 한다). 이것이 다음 페이지의 큰 수의 표(왼쪽)이다. 매우 이해하기 쉽다!

하지만 이 형태(10^4의 만진)가 되기까지 시간이 필요했다. 원래 만 → 억 → 조…라는 명수법은 중국에서 온 것으로 당나라에서는 혼란을 겪었다. 초기에는 1000만의 다음은 억이라고 부르는 것까지는 같았지만 그 후는 만진이 아니라 단지 10배라고 해서 조라고 이름 붙였다고 한다(하수). 이른바 10진이다.

그런데 한나라가 되자 이것이 확 바뀌어 억(10^8)까지는 같지만 그 후는 10배로 나아갈 뿐 아니라 억·억=조(10^{16}), 조·조=경(10^{32})이 된다고 하는 초누진적 형식이 된다. 이것을 하수(下數)의 반대 개념으로 상수(上數)라고 한다.

그리고 이 사이를 취하는 방식(중수中數)도 나타난다. 다만 이 방식도 우여곡절을 겪는다. 처음에는 만진이 아니라 **만만진**이라고 해서 억의 만만배가 조(10^{16}), 그리고 조의 만만배가 경(10^{24})이었다. 이와 같이 중국에서는 더 없는 혼란의 시기가 있었다.

1

그것을 수입한 우리나라에서는 만 단위로 진행하는 만진이 일반적으로 채용되어 매우 알기 쉬운 체계가 정립됐다.

일	1	할	1
십	10	푼	0.1
백	100	리	0.01
천	1000	모	0.001
만	10^{4}	사	10^{-4}
억	10^{8}	홀	10^{-5}
조	10^{12}	미	10^{-6}
경	10^{16}	섬	10^{-7}
해	10^{20}	사	10^{-8}
자	10^{24}	진	10^{-9}
양	10^{28}	애	10^{-10}
구	10^{32}	묘	10^{-11}
간	10^{36}	막	10^{-12}
정	10^{40}	모호	10^{-13}
재	10^{44}	준순	10^{-14}
극	10^{48}	수유	10^{-15}
항하사	10^{52}	순식	10^{-16}
아승지	10^{56}	탄지	10^{-17}
나유타	10^{60}	찰나	10^{-18}
불가사의	10^{64}	육덕	10^{-19}
무량대수	10^{68}	허공	10^{-20}
		청정	10^{-21}

큰 수·작은 수의 단위와 읽는 방법

유미: 우리는 득을 봤다는 얘기네요? 어쨌든 혼란 없이 통일되었다니 다행이네요.

지호: 그 정도로 중국에서 혼란스러웠는데 우리에게 전혀 영향이 없다고 생각하는 것은 섣부른 판단이지. 예를 들어 에도시대의 〈**진겁기**塵劫記〉에도 여러 가지 버전(책의 버전)이 있어서 조금씩 달랐어. 실제로 만진 책도 있었지만 항하사부터 만만진을 사용한 버전도 있어. 그러면 만진이라면 무량대수는 10^{68}이 되지만 만만진 버전이 되면 무량대수는 10^{88}자리가 되지.

유미: 완전히 달라서 사회가 혼란스러워지겠네요.

지호: 아래의 〈진겁기〉는 국립국회도서관에 있는 것이지만(같은 버전의 현대어 번역은 이와나미문고에 있다), 자세히 보면 무량과 대수를 다른 수사로 취급했어. 현물에 적용하면 재미있는 사실이 보이지.

〈신편 진겁기〉
(일본 국립국회도서관 소장)

제 2 장

기호편

기호를 읽을 수 있으면
수의 세계가 더욱 흥미롭다!

2

로만체인가 이탈릭체인가, 그것이 문제다!

sin cos tan 점P 5km

$y = ax^2 + bx + c$

로만체와 이탈릭체를 나누는 것은 무엇?

로만체와 이탤릭체

어떤 구별이 있을까?

기호를 적을 때 망설이는 일이 있다. 크게는 다음 세 가지 경우이다.

❶ 대문자로 적을지 소문자로 적을지

❷ 로만체(정체)로 적을지 이탤릭체(사체)로 적을지

- 로만체란 'A, m'과 같이 문자가 바로 서 있는 서체(정체). 이탤릭체는 '*A*, *m*'과 같은 사체

❸ 그리스어인지 알파벳인지

가까운 사례로 말하면 우유 등의 용량을 표기할 때 이전에는 주로 *ml*을 사용했고 교과서에서도 리터는 *l*로 적었다. 그러나 지금은 mL이라는 표기를 권장하고 있다(국제단위계 SI에 준거해서). 즉, **리터는 대문자 로만체(정체)로 적는다**(엘의 소문자 l도 괜찮지만 숫자 1과 헷갈리기 쉽다).

∞은 무한인가? 아니면 8인가?

'그런 거 의미가 통하면 그만이지 않냐고' 생각하는 사람도 있을 것이다. 하지만 기호에 사용할 수 있는 모양(대부분은 알파벳, 그리스 문자)에는 한계가 있다. ∞라는 기호는 숫자로는 무한을 나타내지만 칸자니에잇(関ジャニ∞, 일본 간사이 지방 출신의 7인조 남성 아이돌 그룹)과 같이 에잇이라고 읽는 것도 가능하다. 그렇다고 해서 수학 시험에서 8을 ∞이라고 적으면 틀린다. 역시 기호는 정해진 방법으로 정확히 읽고 써야 한다.

α, β를 적을 수 있는가?

필자가 회사에 근무할 당시 부하 직원이 거래처에서 α, β를 적어 보라는 말을 듣고 왼쪽 아래와 같이 적고는, 회사로 돌아와 나에게 '그런 거 알 리가 없잖아요'라며 동의를 구했다. 필자는 마음 속으로 '바보!'라고 소리쳤다.

이때만은 기호의 의미와 사용법이 이러니저러니 말하기 전에 우선은 '기호를 읽을 수 있고, 쓸 수 있는' 것이 선결 과제라고 통감했다. 이런 이유에서 일반적인 그리스식 기호를 읽는 방법을 표로 나타냈다. 모두 24문자이다.

대문자	소문자	읽는 방법
Α	α	알파
Β	β	베타
Γ	γ	감마
Δ	δ	델타
Ε	ε	입실론
Ζ	ζ	제타
Η	η	에타
Θ	θ	쎄타
Ι	ι	이오타
Κ	κ	카파
Λ	λ	람다
Μ	μ	뮤
Ν	ν	뉴
Ξ	ξ	크사이
Ο	o	오미크론
Π	π	파이
Ρ	ρ	로우
Σ	σ	시그마
Τ	τ	타우
Υ	υ	입실론
Φ	ϕ	화이
Χ	χ	카이
Ψ	ψ	프사이
Ω	ω	오메가

그리스 문자의 대문자·소문자 읽는 방법

✓ 단위는 로만체, 양은 이탤릭으로 쓰는 것이 원칙

이 책은 이제부터 수학 기호를 중심으로 설명하겠지만, 이 항에서는 물리·화학 기호를 적는 방법에 대해 간단하고 짚고 넘어간다. 물리·화학에서는 그것이 단위인지, 양(물리량)인지에 따라서 기호를 표기하는 방법이 다르다.

예를 들면 길이를 나타내는 미터는 m이라고 적지만 이것은 길이의 단위이다. 이때 **단위의 기호는 정체로 적는다**고 정해져 있기 때문에 이탤릭체로 *m*이라고 적으면 틀리며 정답은 정자인 m이라고 적는다. 그런데 무게(질량)를 나타낼 때는 m=30kg 또는 m=20kg과 같이 적는다. 이때의 m은 30이나 20의 물리량을 나타내는 것으로, 단위 기호와 구별되기 때문에 이탤릭체로 적는다. **단위는 로만체이고 물리량은 이탤릭체**이다.

한편 기본 단위에는 크게 다음의 7가지 이탤릭체가 있다.

기본량	명칭	기호
① 길이	미터	m
② 질량	킬로그램	kg
③ 시간	초	s
④ 전류	암페어	A
⑤ 온도	켈빈	K
⑥ 물질량	몰	mol
⑦ 광도	칸델라	cd

유미: 어, 이게 기본 단위 전부예요? 가령 길이는 m이라고 하지만 cm 등은 어떻게 되는 거예요?

지호: cm의 c 등은 접두사라고 해서 단위인 10^3배(킬로)라거나 반대로 $1/10^3$(밀리)과 같은 의미를 나타내는 문자를 m(미터)의 앞에 붙이지. 1000m라면 1km와 같은 식이야. 여기서도 그리스어가 자주 사용되는 걸 알 수 있지.

수	지수	기호	이름
1,000,000,000,000,000,000,000,000	10^{24}	[Y]	요타
1,000,000,000,000,000,000,000	10^{21}	[Z]	제타
1,000,000,000,000,000,000	10^{18}	[E]	엑사
1,000,000,000,000,000	10^{15}	[P]	페타
1,000,000,000,000	10^{12}	[T]	테라
1,000,000,000	10^{9}	[G]	기가
1,000,000	10^{6}	[M]	메가
1,000	10^{3}	[k]	킬로
100	10^{2}	[h]	헥토
10	10^{1}	[da]	데카
1			

지수	기호	이름	수
10^{-1}	[d]	데시	0.1
10^{-2}	[c]	센티	0.01
10^{-3}	[m]	밀리	0.001
10^{-6}	[μ]	마이크로	0.000 001
10^{-9}	[n]	나노	0.000 000 001
10^{-12}	[p]	피코	0.000 000 000 001
10^{-15}	[f]	펨토	0.000 000 000 000 001
10^{-18}	[a]	아토	0.000 000 000 000 000 001
10^{-21}	[z]	젭토	0.000 000 000 000 000 000 001
10^{-24}	[y]	욕토	0.000 000 000 000 000 000 000 001

SI 단위계의 접두사(큰 수 · 작은 수)

결국 근본적인 **'기본 단위'라는 것은 다른 단위로는 대체하지 못하는 것**을 말한다. 예를 들어 체적은 m^3이지만 이것은 기본 단위인 m(길이)를 3승한 것. 밀도는 g/cm^3이지만 g(그램)은 1kg/1000이니까 질량(무게)과 체적의 두 가지로 나타낼 수 있다.

유미 : 위의 표에서 킬로(K)는 소문자 k라고 돼 있는데요.

지호 : 응, 10^3 단위로 보면 큰 수인 k만 소문자야. 어째서인가 하면 k의 경우 42페이지의 온도에서 켈빈 기호가 대문자 K인 거 보이지. 그래서 킬로에는 소문자 k를 사용하는 것이 관례이지. 예외는 얼마든지 있다는 얘기야.

알파벳(alphabet)은 a~z까지의 26문자로 구성되는데, 이것은 그리스어의 24문자를 토대로 만들어졌다. 원래 알파벳이란 최초의 α, β에서 유래한다.

5세기의 고대 영어(앵글로색슨어)는 7세기경부터 서서히 라틴 문자로 대체되기 시작해서 þ(쏜)이나 Æ(애시) 등의 문자가 더해지거나 삭제되면서 현재의 A부터 Z까지의 26문자로 정착했다.

C는 그리스 문자의 Γ, γ(감마)에 해당한다.

C라고 하면 이 책의 마지막 페이지에 저작권(Copyright)을 나타내는 ©(카피라이트 마크)가 실려 있다. 본래 베른 조약 가맹국 사이에서는 저작권에 관해 명시적인 표시가 없어도 저작권은 자동적으로 발생한다는 무방식주의를 취하고 있어 우리나라는 조약 가맹국이기 때문에 ©표시를 하지 않아도 된다. 그러나 긴 세월 미국이 베른 조약에 가맹하지 않았기 때문에 그에 대항하기 위한 조치로서 붙인 것이 ©마크이다.

1989년 미국이 베른 조약에 가맹한 시점에 ©마크는 실질적으로 불필요해졌지만 현재도 관례적으로 붙이는 출판사가 많은 것 같다.

$a, b, c \sim x, y, z$

a는 왜 상수? x는 왜 변수?

에이, 비…(상수) / 엑스, 와이…(변수)

상수? 변수란?

중학교에 들어가면 산수가 수학이라는 이름으로 바뀌고, 더욱이 문자식이니 방정식이니 하는 것이 등장하면서 갑자기 어려워진다. 또 상수와 변수라는 단어도 나온다. $ax+b$라던가 $y=ax^2+bx+c$의 모양을 한 수식이다.

상수란 '변하지 않고 항상 같은 값(일정 수)을 가지는 수'를 말하며 변수란 '미지의 수 또는 값이 변화하는 수'를 말한다. 그리고 보통은 a, b, c를 상수의 기호로 사용하고 x, y, z를 변수의 기호로 사용한다.

2

● 왜 x가 변수이지?

그러면 상수는 왜 a, b, c이고 변수는 왜 x, y, z일까.

최초에 x를 변수로 사용한 사람은 르네 데카르트(프랑스, 1596~1650년)라고 한다.

1637년에 간행된 〈기하학〉(La Géométrie de Descartes)에서

상수 ⋯ a, b, c 변수 ⋯x, y, z

라고 사용했기 때문이다. 다만 데카르트가 어떤 이유로 그렇게 했는지 정확한 이유는 분명하지 않다. 그 이유 중 하나로 알려져 있는 것은 당시 활자인 x가 남아 있어 인쇄업자가 데카르트에게 x를 사용해달라고 부탁했기 때문이라는 것.

필자도 〈셜록 홈즈의 모험〉 전 12작에서 사용되고 있는 문자의 빈도를 조사한 결과 확실히 x가 적은 것을 알았지만, 그런 이유만으로 후세 사람들이 x를 변수로 사용한(반대로 a를 상수로 사용한) 것은 납득하기 어렵다.

데카르트가 가장 먼저 사용하기 시작한 것을 보고 다른 수학자도 상수에는 a, b, c를 사용하고, 변수에는 x, y, z를 구분해서 사용하기 시작했다는 것이 설득력이 있다.

기호가 확산되는 요인은?

어느 기호가 확산되려면 몇 가지 조건이 필요하다. 첫째 사용 편리성이다. 그뿐 아니라 따르는 사람의 숫자와 영향력의 크기가 중요하다. 그런 의미에서 a가 상수, x가 변수로 확산된 가장 큰 이유는 데카르트의 영향력이었을 것으로 생각된다.

numerical sequence

$\{a_n\}$
에이엔(수열)

수열을 나타낼 때 자주 사용되는 것이 $\{a_n\}$이라는 기호이다. { } 이라는 중괄호는 집합에서도 자주 사용한다.

먼저 수열이란 무엇일까. **수열이란 간단하게 말하면 수의 나열을 말한다.**

1, 3, 5, 7, 9, 11, 13, 15, ⋯ ❶ (홀수의 수열)
2, 3, 5, 7, 11, 13, 17, 19, 23, 29, ⋯ ❷ (소수의 수열)

수열의 정의에서 가장 큰 오해는 **수열이란 어떤 규칙성(룰)을 가진 수의 나열이라고 착각한다는 점**이다.

수열에 규칙성(앞 항과 다음 항 사이의 룰)은 필요 없다. 만약 수열에 규칙성이 필수라면 난수는 수열이라고 할 수 없지만 난수는 랜덤인 수열이다. 또한 ❷는 소수의 수열이다. 소수에도 규칙성은 없지만(만약 있으면 새로운 소수를 발견할 수 있으므로 매우 기쁜 일이다!), 이것도 훌륭한 수열이다.

다음 항을 예측할 수 없는 수열도 있다?

자연수	1, 2, 3, 4, 5, 6, 7, 8, 9, 10, ⋯
홀수	1, 3, 5, 7, 9, 11, 13, 15, 17, ⋯
짝수	2, 4, 6, 8, 10, 12, 14, 16, 18, ⋯
피보나치 수열	1, 1, 2, 3, 5, 8, 13, 21, 34, ⋯
난수	1613, 8053, 2732, 0927, 1113, 3000, ⋯

유미: 선배, 수열에는 규칙성은 필요 없다고 말해도 되는 거예요? 교과서

의 수열 문제나 입시시험에서는 '규칙성이 없는 수열 문제'는 본 적 이 없는데요.

지호: 그건 그렇지. 시험에서 수열 문제를 낼 때는 어떤 식으로든 규칙성을 찾아내기를 요구하기 때문이지. 시험이랑 수열의 정의와는 다르다는 점 기억해 둬.

5의 배수의 수열이 5에서 35까지 있다고 하자.

5, 10, 15, 20, 25, 30, 35 … ①

이때 각각의 수를 항이라고 부르고 가장 최초의 항은 첫째항, 그 이후는 제2항, 제3항…이라고 한다. 이 수열에 마지막 항이 존재하는 경우는 유한수열이라고 한다. 위의 수열에서는 35가 마지막항에 해당한다.

또한 다음과 같이 무한으로 이어지는 수열(무한수열)도 있다.

5, 10, 15, 20, 25, 30, 35, 40, 45, … ②

일반적으로 첫째항을 a_1, 제2항을 a_2, 제3항을 a_3 … 제n항을 a_n… 이라고 했을 때 a_n을 일반항이라고 한다.

$$a_1, a_2, a_3, a_4, a_5, \cdots, a_n, \cdots$$

그리고 이 수열을 { }으로 둘러싸고 $\{a_n\}$으로 나타내는 일이 있다. 이것이 앞에서 말한 수열의 기호(집합)이다. ②의 5의 배수의 수열(무한수열)이라면,

$$\{a_n\} = 5, 10, 15, 20, 25, 30, 35, 40, 45, \cdots \quad ③$$

라고 적을 수 있다. 구체적인 숫자가 나와서 이해하기 쉬운 반면 적는 것이 상당히 번거롭다. 그래서,

$\{a_n \mid a_n$은 5의 배수$\}$ ④

라는 형태로 적는 편이 짧으며 '5의 배수의 수열이다'라고 적혀 있으므로 매우 명확하다. 바로 기호를 사용하는 좋은 점이다.
다시 한 번 ①의 수열을 보기 바란다.

$\{a_n\} = 5, 10, 15, 20, 25, 30, 35$

앞 항과 다음 항을 비교하면 모두 차이가 5가 난다. 이러한 차를 공차(기호 d)라고 하고 같은 간격으로 증가하거나 감소하는 수열을 등차수열이라고 한다.

$\{a_n\} = 5, \ 10, \ 15, \ 20, \ 25, \ 30, \ 35$

5 5 5 5 5 5

공통되는 차이=공차(d)

【문제】■에는 어떤 숫자가 들어가는가.

1, 1, 2, 3, 5, 8, ■, 21, 34, 55, ■, 144, 233, ……

위의 수열은 피보나치 수열이라고 부르는 것으로 ■에는 13과 89가 들어간다. 이 수열에서는 '앞의 두 항의 합'이 되기 때문이다. 모르면 연관성을 추측하기 어려운 수열이다.

sequence of differences

$\{b_n \mid b_n = a_n - a_{n-1}\}$ 비엔(계차수열)…

수열 $\{a_n\}$와 형태가 같은 계차수열에 $\{b_n\}$이 있다.

여기서는 퀴즈 형식으로 간단하게 살펴보기만 하자.

【문제】■에는 어떤 숫자가 들어가는가.

1, 4, 9, 16, 25, 36, 49, 64, ■, 100, ■, ……

답부터 말하면 ■에는 81과 121이 들어간다. 이것은 1^2, 2^2, 3^2, 4^2, 5^2…라는 형태라고 예상할 수 있으면 9번째는 9^2이고, 11번째는 11^2이다. 따라서 81과 121이다.

이 문제는 차이만을 놓고 보면 이해하기 어렵지만 차이의 차이까지 보면 2씩 증가하는 것을 알 수 있다. 이러한 수열이 계차수열이고 일반적으로 $\{b_n \mid b_n = a_n - a_{n-1}\}$라든가 $\{b_n : b_n = a_n - a_{n-1}\}$로 나타낸다.

cup, cap, compliment

$\cup$, $\cap$, A^C, $\setminus$, $-$
컵(합집합) / 캡(교집합) …

어떤 조건에 따라 구분할 수 있는 모임을 집합이라고 한다. 아래 그림과 같이 P초등학교의 학생모임, 노래방 동료 R의 모임(집합)도 집합이라고 할 수 있다.

P초등학교의 학생모임, 노래방 동료 R의 모임

집합을 구성하는 것을 원소 또는 요소라고 한다.

위 예에서는 P초등학교의 A군, B군, C군 … 은 P초등학교의 원소이고 노래방 모임 R의 회원 X씨, Y씨는 노래방 모임 R의 집합의 원소이다.

집합 분야에서 최초에 기억해야 할 기호라고 하면 $\cup$, $\cap$이다.

다음의 숫자를 보면 □ 안에 어떤 숫자가 들어갈까.

① 1, 3, 5, 7, 9, 11, 13, □, 17, □, 21, …

② 5, 10, 15, 20, □, 30, □, 40, 45, …

①의 □에는 15, 19가 들어가고 ②의 □에는 25, 35가 들어간다.

왜냐하면 ①은 홀수의 모임, ②는 5의 배수의 모임이기 때문이다. 이처럼 어떤 조건에 따라서 구분할 수 있는 모임을 집합이라고 한다. 그래서 ①은 홀수 모임, ②는 5의 배수의 집합이라고 부른다.

✓ 둘의 합이니까 합집합

①, ②를 그림으로 나타내면 다음과 같다. 홀수의 집합, 5의 배수의 집합에는 5, 15, 25, 35, …가 양쪽에 공통되므로 원을 겹쳐서 공유하고 있는 것을 나타낼 수 있다.

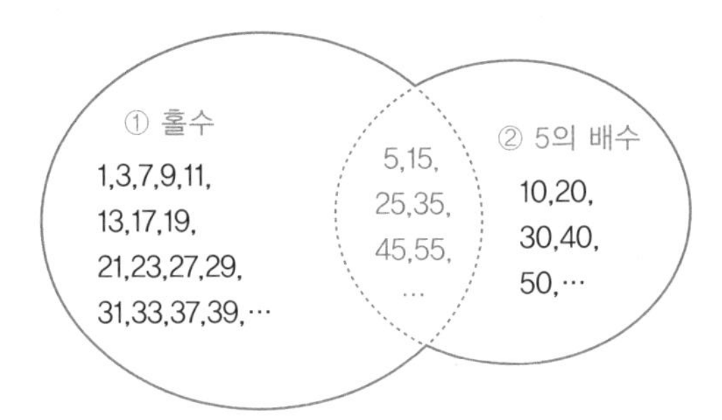

이것을 벤 다이어그램 또는 오일러 다이어그램이라고 한다(정확하게는 벤 다이어그램과 오일러 다이어그램은 조금 다르지만 이 책에서는 벤 다이어그램이라고 한다).

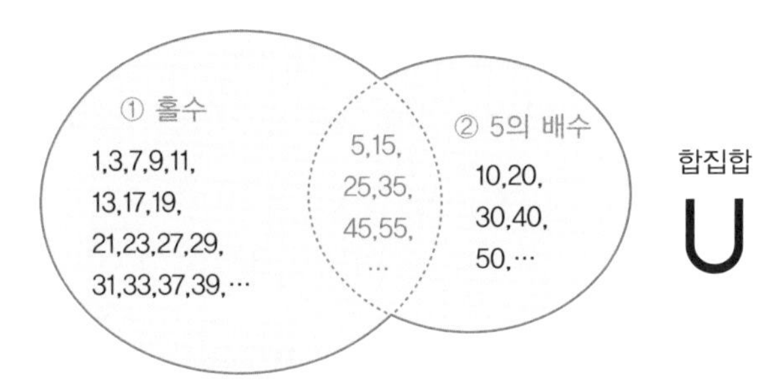

그리고 ①과 ②의 집합 전체는 앞 그림에서 양 원을 색을 칠한 부분이다. 이른바 ①+②의 집합이므로 합집합(Union)이라고 부르고 기호 ∪를 사용한다.

∪는 커피잔과 비슷한 모양이므로 컵 또는 유니온이라고도 한다.

✓ 둘의 중첩이 교집합

이번에는 두 집합의 공통 부분 또는 겹치는 부분을 ∩의 기호로 나타낸다.

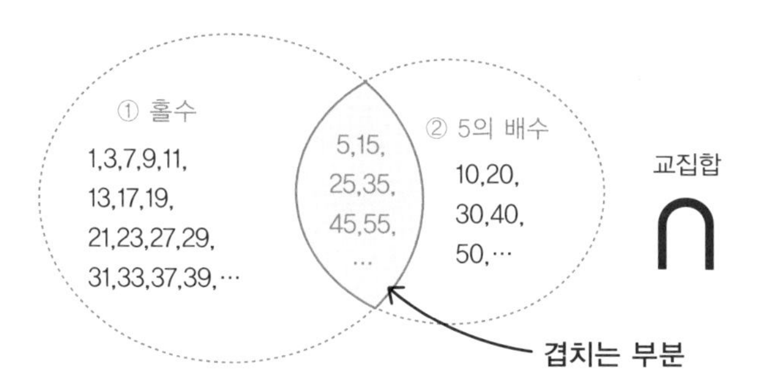

방금 전에는 ①+②이므로 합집합이라고 했지만 이번에는 서로의 공통 부분만이므로 교집합(intersection)이라고 한다. 야구모자와 비슷하다고 해서 캡이라고 부르기도 한다.

생각이 안 나면 커피잔, 모자(캡)를 떠올리자.

∪, ∩를 읽는 방법에는 컵, 캡 이외에도 여러 가지가 있다. 자신이 좋아하는(외우기 쉬운) 이름으로 기억하자.

- $A \cup B$ … A 컵 B, A와 B의 합집합, A와 B의 합병, A와 B의 유니온, A와 B의 연결
- $A \cap B$ … A 캡 B, A와 B의 교집합, A와 B의 교차

✓ 둘의 차이가 차집합

일반적으로 합집합(컵), 교집합(캡)이 유명하지만 합집합이 있으면 **차집합**(set difference)도 있다.

차집합이란 어느 집합 A 중에서 다른 집합 B에 속하는 요소를 제거한 집합을 말한다. 그 경우 $A-B$라고 나타낸다.

다음 그림의 경우 ①의 집합의 요소에서 ②의 집합의 요소를 뺐으므로 ①-②라고 나타낸다.

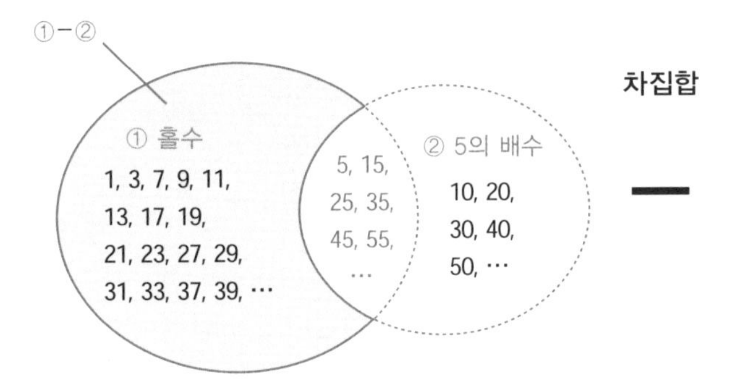

반대로 B 집합의 요소에서 A 집합의 요소를 뺀 것을 B-A라고 적는다. 다음 예에서는 위 그림과 반대이며 ②-①이라고 나타낸다.

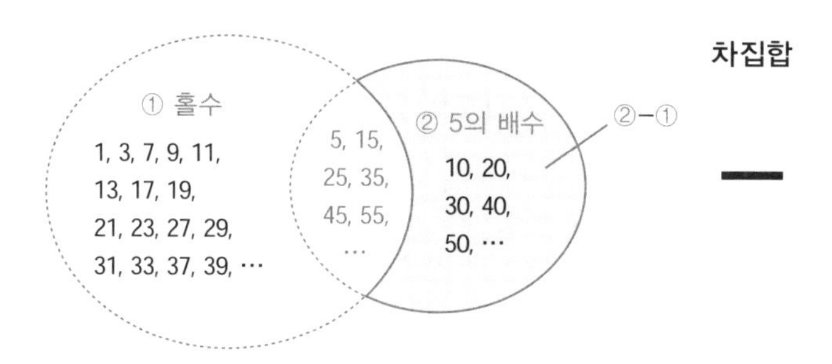

여집합이란 무엇?

여기서 전체 집합 U에서 그 부분집합인 A의 요소를 제거해서 얻어지는 집합을 특히 A의 여집합이라고 한다.

여집합은 A^C 또는 $\overline{A}$라고 나타낸다. C는 Complement(덧붙여서 완전한 것으로 한다)의 약자이다. 아래와 같이 정수 전체의 집합 U가 있으며 그 안에 홀수의 집합 A가 있을 때 짝수의 집합을 U와 A의 여집합으로 나타내면 다음과 같다.

짝수 집합(여집합)=전체 집합−홀수 집합

전체 집합 U(정수)

여집합
(짝수)

집합 A
(홀수)

여집합

$U-A$

다시 말해 전체 집합 U에 대해 집합 A를 제외한 나머지 원소로 이루어진 집합을 A의 여집합이라고 부른다.

또한 2개의 집합 이외(집합 A와 집합 B 이외)의 요소는 집합

A와 집합 B의 합집합 $A \cup B$ 이외라고 생각한다(여집합이라고 파악한다). 따라서 $\overline{A \cup B}$(A 컵 B 바) 또는 $(A \cup B)^C$라고 적는다.

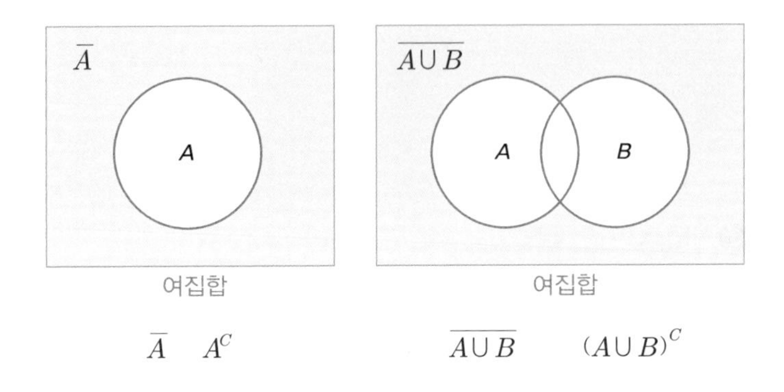

여집합 여집합

$\overline{A}$ A^C $\overline{A \cup B}$ $(A \cup B)^C$

바에도 여러 가지 의미가 있다

$\overline{A}$의 바는 여기서는 여집합의 의미였지만 통계학에서는 $\overline{X}$ 또는 $\overline{x}$와 같이 표시하면 평균값을 의미한다. 또 기하학에서 $\overline{AB}$와 같이 적으면 선분 AB 또는 현 AB(원의 경우)를 나타낸다. 즉 길이이다.

기호에는 알기 쉬움과 심플함이 요구되기 때문에 아무래도 기호로 사용할 수 있는 문자와 형태가 부족하다. 그래서 같은 기호인데 사용하는 자리, 분야, 나라에 따라서 다른 의미를 갖는 것이 드물지 않다. 이 점은 익숙해질 필요가 있다.

인공지능과 ⊂, ⊃

집합을 설명한 김에…. 러시아 인형인 마트료시카(Matryoshka doll, 러시아의 목제 인형)와 같이 목각 모양으로 분류되어 있는 경우에는 ⊂, ⊃ 등의 집합 기호를 사용하는 것이 편리하다. 아래 그림과 같이 집합 A가 집합 B를 포함하고 있다면 $A \supset B$라고 하자.

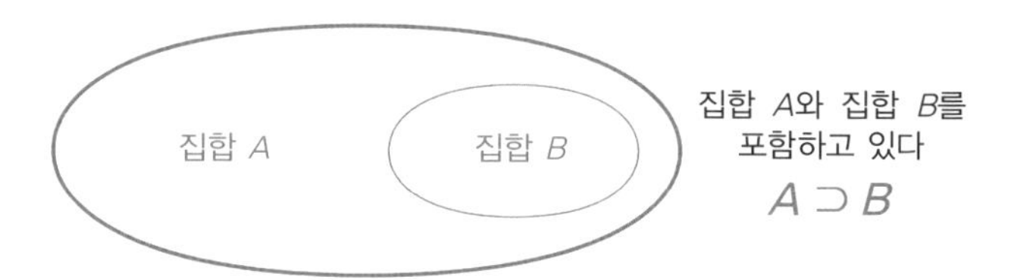

다음 그림은 인공지능(AI)의 종류를 분류한 것이다. 인공지능 중 하나에 머신러닝이 있고, 그 하나에 신경망이 있고, 또 그 하나에 딥러닝이 있다…라는 얘기이므로

인공지능 ⊃ **머신러닝** ⊃ **신경망** ⊃ **딥러닝** … 이라고 표현할 수 있다.

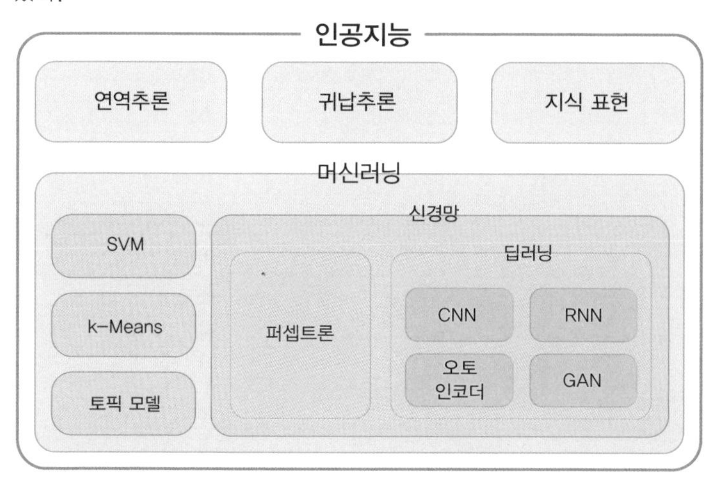

D, d는 알파벳의 4번째 문자로 그리스 문자인 Δ, δ(델타)에 해당한다. 그리스 문자인 델타는 Δ가 대문자이다.

한편 D는 O나 P와 헷갈리기 때문에 가로 선을 붙여서 Đ라고 하기도 한다.

수학에서는 D뿐만 아니라 그리스 문자인 Δ인 상태로도 등장하며 미분에서의 미소한 차이를 나타내거나 dy/dx의 형태로 나타내는 등 작은 차이를 나타낼 때 자주 사용한다.

E, e는 알파벳의 5번째 문자로 그리스 문자인 E, ε(엡실론/입실론)에 해당한다. 알파벳 중에서는 가장 많이 사용되는 문자이기 때문에 암호를 해독할 때 단서가 됐다. 실제로 필자가 〈셜록 홈즈의 모험〉 전 12편에서 사용되는 문자를 조사한 결과 e가 가장 많이 등장했다. 다른 문헌에서도 마찬가지이다.

수학의 세계에서 e는 특히 중요한 기호로 사용되고 있다.

Discriminant

D

디(판별식)

2차 방정식, 근의 공식…. 기억 저 너머로 배운 기억이 난다. 2차 방정식의 경우 $x=1$, $x=2$ 등을 차례로 넣다 보면 답이 구해지는 일이 있지만 만약 답이 분수라면 이 방법으로 찾는 것은 어려울 것 같다. 인수분해로도 찾기 어려운 경우도 있다.

그럴 때 편리한 것이 근의 공식이다. 순서대로 따라 하면 답이 나오는 마법의 공식이다. 고대 바빌로니아, 이집트에서는 일찍이 2차 방정식의 근의 공식에 도전했던 것 같다. 그중에서도 인도의 브라마굽타(597~668년, 7세기 인도의 수학자·천문학자)는 명확하게 근의 공식을 도출했던 것으로 여겨진다. 다만 기호가 아닌 문장으로 적었던 것은 유감스럽다.

2차 방정식에 도전한 것은 바빌로니아, 이집트 시대부터

2차 방정식은 일반적으로 $ax^2+bx+c=0$의 모양을 하고 있고 x의 값이 실수인지, 허수인지, 근의 수는 몇 개 있는지?를 판별하는 것이 판별식이다. 기호는 D(Discriminant, 판별).

유미: 옛날에 배운 것 같기도 하고 그렇지 않은 것 같기도 하고. 근의 공식이니 판별식이니, 기억이 가물가물하네요.

지호: $ax^2+bx+c=0$이라는 2차 방정식이 있다고 하자. x의 해는 근의 공식을 이용해서 다음과 같이 구할 수 있지.

$$x=\frac{-b\pm\sqrt{b^2-4ac}}{2a}$$

유미: 생각났다. 아버지는 근의 공식이라고 배웠다고 하는데 해의 공식과 같은 거네.

지호: 응, 같아. 문제는 이제부터. 이 식의 분자에 놓여 있는 $\sqrt{\ }$(루트) 안이 양인지, 0인지, 음인지 그것이 문제야. 그래서 $\sqrt{\ }$ 안의 식만을,

$$D=b^2-4ac$$

라고 놓았다. 그리고 $ax^2+bx+c=0$은

$D>0$이라면 두 개의 실근을 갖는다

$D=0$이라면 중근을 갖는다

$D<0$이라면 두 개의 허근을 갖는다

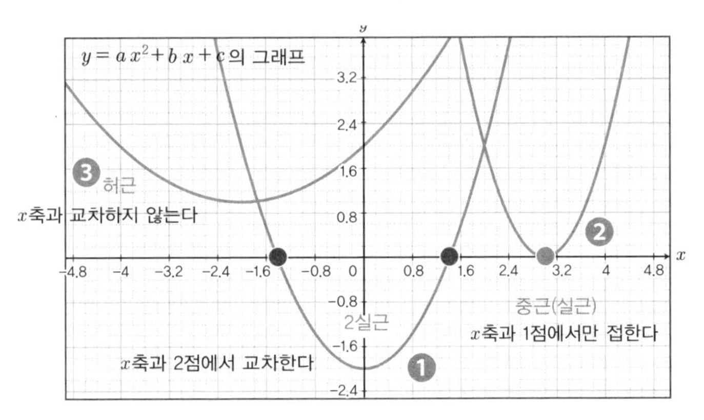

이렇게 해도될까? 되는 거지. 이렇게 되면 $y=ax^2+bx+c$의 그래프 모양을 알 수 있어. $D>0$일 때는 ❶과 같은 경우로 y의 그래프가 x축과 2개소에서 교차하기 때문에 x는 두 개의 실근을 갖지. 이것을 알았을 때 '과연, 방정식의 해를 그래프로 나타내면 이렇게 되는구나'라고 생각했지.

유미: $D=0$이나 $D<0$일 때는 어떻게 되죠?

지호: $D=0$일 때는 ❷와 같이 x축과 y의 그래프가 접하므로 근은 한 개. $D<0$일 때는 ❸과 같이 x축과 y의 그래프가 교차하지 않기 때문에 실수의 세계에서는 근을 갖지 않아. 그래서 '제곱으로 하면 -1이 되는 수'를 생각하고 이것을 i로 나타내면(허수 단위) ❸의 경우에도 해를 얻을 수 있지. 판별식은 허수를 가깝게 느낄 수 있는 방법일지 몰라.

✓ 3차 방정식에서 카르다노의 도전

2차 방정식에는 해를 얻는 편리한 공식(근의 공식)이 있다는 것을 알았다. 그러면 3차 방정식에는? 4차 방정식에는?

이 해법에 대해서는 16세기에 유럽에서 경쟁이 벌어졌다.

16세기 당시 유럽에서는 대수(代數)방정식을 푸는 경쟁이 있었는데, 그때 유명했던 것이 독자적인 해법을 얻었다!라고 소문난 이탈리아의 타르탈리아(1499~1557년)였다.

그러나 당시의 전통대로 해법은 제자에게 계승되는 방식이었기 때문에 일반에 공개되지 않았다.

당시 산술서를 출판했던 밀라노 태생 카르다노(1501~1576년)는 타르탈리아에게 해법을 가르쳐달라고 애원했지만 타르탈리아는 응하지 않았다. 결국 타르탈리아 본인이 직접 공개할 때까지 절대로 그 해법을 공개하지 않겠다고 약속하고 전수받았다고 한다.

그러나 약속은 지켜지지 않았고 카르다노는 〈위대한 기술(아르스 마그나Ars Magna)〉에서 해법을 공개했다. 거기에는 이유가 있었는데, 카르다노는 타르탈리아와 비법을 공개하지 않겠다고 약속을 한 후에 이미 해법이 공개되어 있다는 사실을 알았기 때문에 타르탈리아의 약속에 얽매일 필요가 없다고 판단했다.

카르다노는 점성술에도 열정을 보였고 자신이 죽는 날을 예언하고 정확히 맞혔다. 그는 자신의 죽음을 예언한 날짜에 맞춰 자살했다고 한다.

5차 방정식에서 아벨의 업적

이렇게 해서 3차 방정식, 4차 방정식의 해법에는 일반해가 있다는 것을 알게 됐는데, 그러면 5차 방정식은 어떤가? 6차는? 그 해결 방법은 19세기 노르웨이에서 태어난 천재 수학자 아벨(1802~1829년)이 등장할 때까지 기다리게 된다.

아벨은 **5차 이상의 방정식은 일반인은 대수적으로 풀 수 없다**는 '존재 증명'을 해낸 것이다. 즉 √와 사칙연산만으로 풀 수 있는 일반적인 근의 공식은 존재하지 않는다, 라고. 이로써 6차, 7차 … 등의 공식을 발견하는 경쟁에 수학자들의 힘이 쏠리는 것에 종지부를 찍었다. 후세에 '500년에 상당하는 업적을 이룬 기념비적 논문'이라는 평가를 받았다.

이 논문은 당시 유럽 수학계의 최고 권위였던 파리의 과학 아카데미에 1826년에 제출됐지만 수학계의 중진 코시(Cauchy)는 이 논문을 사독(査讀, 같은 분야의 전문가가 논문 내용을 체크하는 것)하기는커녕 책상 서랍 안에 계속 방치했다.

현재 노벨상에는 수학상은 없으며 4년에 1회, 40세 이하 사람을 선발하는 **필즈상**이 있다. 하지만 노르웨이 정부는 2001년 아벨 탄생 200년(2002년)을 기념해서 **아벨상**(수학에 특화한 상)을 창설하기로 결정하고 2003년에 제1회 수상식을 거행했다. 상금 총액은 노벨상과 거의 같은 2,200만달러이다.

그러면, 당시 아벨은 그 후 어떻게 됐을까. 그는 실의에 빠져 고향 노르웨이로 귀국한다. 가난한 생활로 결핵을 앓던 그는 1829년에 26세의 나이에 세상을 떠났다. 그가 사망하고 불과 이틀 후에 유럽 각지의 대학에서 수학 교수에 취임해달라는 요청이 쇄도했다고 한다. 코시가 제대로 평가했다면 아벨의 활약상은 수학사에 더 많은 공헌을 했을 거라는 사실을 생각하면 유감스럽다.

$\frac{dy}{dx}, \frac{d}{dx}y, f'(x), \dot{x}$

디와이디엑스(미분)

미분은 아주 짧은 사이(시간을 말하는 경우가 많다)에 무언가가 아주 조금 증가(혹은 감소)하는 변화의 비율(변화율)을 가리킨다.

하루 사이에 키는 아주 조금 크지만 신장률(기울기)로 보면

어제와 비교하면 분명히 키는 거의 자라지 않은 것처럼 보인다. 하지만 신장률로 보면 어떨까? 현미경적인 미크로 세계에서 '하루의 키 변화'를 측정할 수 있다고 하면 분명 어른의 신장률(1일당)에 비해 아이의 신장률이 크다. 그 순간적인 신장률이 매일매일 계속되면 그 후에는 키가 많이 크냐(아이), 별로 크지 않냐(어른)를 예상할 수 있다.

경제 성장률도 마찬가지로 미분적 발상이다.

미분에는 실로 여러 가지 기호가 사용된다. $\frac{dy}{dx}$과 $\frac{d}{dx}y$의 형태는 미분 기호 중에서도 특히 잘 알려져 있다. 이 형태가 심상치 않다. 그 이유는 자칫 '디엑스분의 디와이'라고 읽어버리기 때문이다. 그러나 정식으로는 분자에서 분모로, 분수가 아니기 때문에 디와이, 디엑스라고 읽어야 한다. 의미는 'y식을 x로 미분한다'인데, 미분이라고 말할 때는 이것을 도함수라고 부른다.

$\frac{dy}{dx}$ ← y=xxx의 식을 → x에 대해 미분한다

✓ 다양한 수학자의 기호가 사용되고 있다

같은 미분인데 왜 여러 가지 미분 기호가 있을까.

그것은 기호를 만든 사람이 다르기 때문이다. 현재까지 미분 표기법으로 통일된 것은 없다.

라이니치(독일, 1646~1716년) ⋯ $\frac{dy}{dx}$와 $\frac{d}{dx}y$

라그랑주(프랑스, 1736~1813년) ⋯ y'와 $f'(x)$

뉴턴(영국, 1642~1727년) ⋯ $\dot{x}$, $\dot{y}$

y'와 $f'(x)$는 와이대시, 에프대시엑스가 아니라 와이프라임, 에프프라임엑스라고 읽는 것이 정식이다.

뉴턴과 라이프니치는 모든 것에서 경쟁을 한 것으로 알려져 있는데, 미분 기호도 마찬가지다. 뉴턴은 미분계수가 함수의 증가율을 취급하고 있기 때문에 **유율법**이라고 부른 반면 라이프니치는 **미분법**이라고 불렀다.

기호에서는 뉴턴이 아닌 라이프니치가 우세하다. 예를 들어 이계 미분, 삼계 미분 등을 나타내는 경우,

라이프니치 표기 … $\frac{d^2y}{dx^2}, \frac{d^3y}{dx^3}, \frac{d^4y}{dx^4}, \frac{d^5y}{dx^5}, \frac{d^6y}{dx^6}$

뉴턴 표기 … $\ddot{x}, \dddot{x}, \ddddot{x}, \overset{.....}{x}, \overset{......}{x}$

가 되어 라이프니치의 표기에서는 수치를 바꾸기만 하면 얼마든지 고차의 미분을 표기할 수 있지만, 뉴턴의 표기에서는 물리적으로 도트를 찍기 때문에 고차가 될수록 대응하기 어려워진다. 또한 뉴턴 표기는 유율법이라고 부르듯이 시간의 함수 $f(t)$에 대해 사용하는 것이 일반적인 데 대해 라이프니치 표기에서는 $\frac{dy}{dx}$, $\frac{dy}{dt}$, $\frac{dy}{dv}$와 같이 **분모로 무엇을 미분하는가, 분자로 어떤 식을 미분할지를 명료하게 나타낼 수 있는 이점**이 있다. 도트식에는 '무엇에 대해'서는 없다(대부분이 시간에 한정된다).

$\frac{dy}{dx}$는 분수는 아니지만 분수처럼 취급할 수 있다?

$\frac{dy}{dx}$는 분수의 형태를 하고 있지만 **분수는 아니므로 디와이, 디엑스 라고 읽는 게 맞다**. 그런데 '**조작을 할 때는 분수와 같이 취급해도 좋다**'고 하는 면도 있다. 이것을 이용한 것이 합성함수의 미분이다.

예를 들면 $f(x)=(3x+2)^4$를 그대로 미분하려고 하면 전개한 후에 번거로운 과정을 거쳐 다음과 같은 해를 얻는다.

$$f'(x)=324x^3+648x^2+432x+96$$

하지만 합성함수의 미분을 사용해서 $t=(3x+2)$라고 놓으면

$$\frac{dy}{dx}=\frac{dy}{dx}\cdot\frac{dt}{dt}=\frac{dt}{dx}\cdot\frac{dy}{dt}$$

와 같이 분수로 취급해서 t의 식(아래의 ❶), y의 식(❷)으로 나누어 간단하게 계산할 수 있다.

❶ $\frac{dt}{dx}=\frac{d(3x+2)}{dx}=(3x+2')=3$ …… 3

x에 대해 미분한다

$$\frac{dy}{dx}=\frac{dt}{dx}\cdot\frac{dy}{dt} = 3\times 4(3x+2)^3$$

t에 대해 미분한다

❷ $\frac{dy}{dt}=\frac{d(t^4)}{dt}=(t^{4'})=4t^3$ …… $4(3x+2)^3$

$\frac{dy}{dx}=\frac{dy}{dx}\cdot\frac{dt}{dt}=\frac{dt}{dx}\cdot\frac{dy}{dt}$ 마치 분수를 계산하는 것처럼 계산을 했다.

Euler's number

e

e(네이피어 수, 오일러 수)

소문자 이탤릭체로 e라고 나타내면 e=2.7182…와 같이 무한으로 계속되는 수를 가리키며 초월수라고 부른다. 초월수는 e 외에 π(파이, 원주율)가 있다.

e를 네이피어 수 또는 오일러 수라고 한다. e에 이름을 남긴 존 네이피어(John Napier, 1550~1617년)는 스코틀랜드의 수학자이자 천문하자로 로그(log)를 발견한 것으로 알려져 있다.

로그는 곱셈을 덧셈으로, 나눗셈을 뺄셈으로 해서 큰 자릿수의 계산을 간단하게 만드는 역할을 한다. 훗날 프랑스의 피에르 시몽 라플라스(Pierre Simon Laplace, 1749~1827년)가 **로그의 발명은 천문학자의 수명을 두 배로 늘렸다**라고 말할 정도로 로그의 계산 능력은 절대적이었다. 로그를 발견하는 과정에서 네이피어는 소수점을 발명하는 업적도 세웠다.

e에 이름을 남긴 또 한 사람이 스위스 태생의 레온하르트 오일러(Leonhard Euler, 1703~1783년)로 오일러(Euler)의 머리글자를 따서 e의 숫자 기호가 붙었다.

오일러 수 e(2.7182…)와, 원주율 π, 허수 i라는 아무리 봐도 관계가 없어 보이는 3자 사이에 다음과 같은 멋진 관계식이 성립한다는 사실을 오일러가 발견했다. 그 유명한 오일러 공식이다.

$e^{i\theta}=\cos\theta+i\sin\theta$ (오일러 공식)

여기서, $\theta=\pi$일 때,

$e^{i\pi}=-1$ (오일러 항등식)

e=2.7182…는 어떻게 나왔나?

원주율 π는 원에 내접하는 정육각형과 외접하는 정육각형을 그리고, 다시 12각형~96각형까지 그리는 방식으로 아르키메데스가 3.14까지 구했다(방법은 124쪽을 참조).

그러면 네이피어 수(오일러 수) 2.7182…는 어떻게 구하고 어떤 식으로 도움이 될까?

지호: 〈베니스의 상인〉에 등장하는 악덕 상인 기억나?

유미: 샤일록이지. 나는 문과 출신이지만 셰익스피어의 작품 중에서 유명한 건 다 읽어서 그 정도는 알지.

지호: 그렇군, 미안. 그러면 그가 다음과 같은 고금리 시스템을 생각해 냈다고 하자. 즉,

원금=1, 연이율=r(%)로 하면 1년 후에 원금은 $\left(1+\frac{r}{100}\right)$배가 되지….

유미: 1년 후를 말하는 거구나. 알았어.

지호: 그러면 연리 100%는 누가 봐도 높은 금리라고 한눈에 알 수 있지. 그렇다면 금리가 낮아 보이도록 속이고 싶다고 하자. 그래서 금리는 절반(50%)으로 하는 대신 1년이 아니라 반년 복리로 운용하면 어떨까. 물론 50%라도 여전히 금리는 높지만 말이야. 이것을 1개월 약 8.3%로 해서 1개월 복리로 운용한다면 얼마나 이윤을 낼 수 있을까…라고 생각했지.

유미: 선배 얼굴이 샤일록처럼 보이는데.

지호: 그래?. 다시 1시간 복리, 1초 복리로 하면….

유미: 너무 잔인한데. 1초 복리로 하면 이자가 눈덩이처럼 불어나서 연리 100%보다 훨씬 높아지잖아.

그러면 복리로 1년 후에 어떻게 되는지를 살펴보자.

1년 복리 $(1+1)^1 = 2$

반년 복리 $\left(1+\frac{1}{2}\right)^2 = 2.25$

3개월 복리 $\left(1+\frac{1}{4}\right)^4 = 2.44140$

1개월 복리 $\left(1+\frac{1}{12}\right)^{12} = 2.6130352902$

1일 복리 $\left(1+\frac{1}{365}\right)^{365} = 2.714567482$

뭔가 극한에 도달한 것 같은데. 계속할게.

1시간 복리 $\left(1+\frac{1}{8760}\right)^{8760} = 2.7181266916$

1분 복리 $\left(1+\frac{1}{525600}\right)^{525600} = 2.7182792427$

1초 복리 $\left(1+\frac{1}{31536000}\right)^{31536000} = 2.7182817785$

결과는 샤일록이 생각한 것처럼 계속 가파르게 상승하지 않고 어느 값으로 수렴된 것 같다. 이 수렴되는 값이 e이다.

네이피어 수 e의 효용

로그(log)는 고등학교에서 가장 먼저 $\log_{10}10=1$과 같이 밑이 10인 상용로그를 배우고 다음으로 밑이 e인 자연로그 $\log_e N$을 배웠다. 밑이 10인 경우 10진수이므로 비교적 알기 쉽지만 왜 $e=2.7182\cdots$라는 어중간한 네이피어 수 e를 밑으로 하는지, 그 의미를 당시의 필자는 몰랐다.

그 이유는 수학Ⅲ의 미적분까지 가면 확실히 알 수 있다. 밑이 e가 아닌 경우의 미분은 매우 번거로운 형태가 되는 데 반해(왼쪽 아래) e가 밑인 경우의 미분은 깨끗한 형태가 되기 때문이다.

밑이 a인 경우의 미분		밑이 e인 경우의 미분
$(a^x)' = a^x \log_e a$	$\longrightarrow$	$(e^x)' = e^x$
$(\log_a x)' = \frac{1}{x \log_e a}$	$\longrightarrow$	$(\log_e x)' = \frac{1}{x}$

exponential function

e^x, exp( ) 이의 엑스승/이엑스피(지수함수)

통계학에서 자주 사용되는 정규분포를 나타내는 식, 그리고 그래프의 예는 다음과 같이 나타낸다(말도 안 되게 복잡기괴한 식이어서 보기만 해도 싫어진다).

정규분포 식 $$f(x)=\frac{1}{\sqrt{2\pi}\,\sigma}e^{-\frac{(x-\mu)^2}{2\sigma^2}} \quad \cdots ①$$

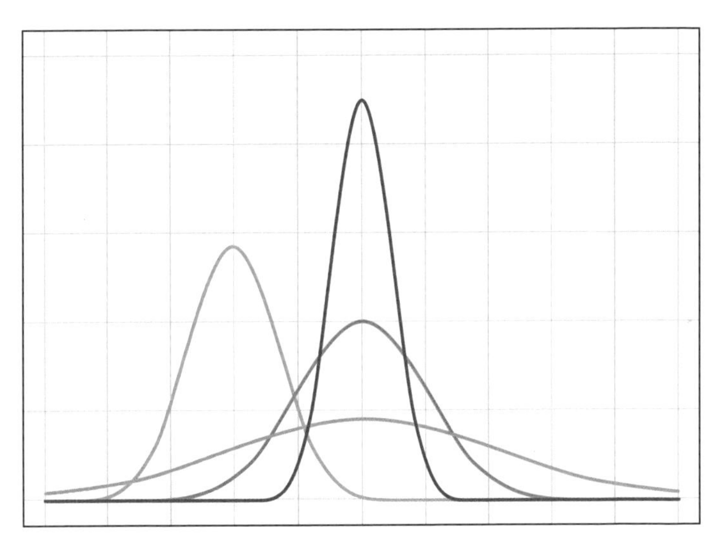

식 ① 안의 e를 보면 $e^{●}$의 형태이다. 이 e는 앞 항에서 설명한 네이피어 수(오일러 수)이다. 그런데 식 ①을 보면 분모의 σ(표준편차, 시그마)가 루트 바깥으로 나와 있으므로 이것을 루트 안에 넣어서,

$$f(x) = \frac{1}{\sqrt{2\pi\sigma^2}} e^{-\frac{(x-\mu)^2}{2\sigma^2}} \quad \cdots ②$$

이라고 하기도 한다. 정규분포 식은 ①, ② 모두 볼 수 있다. 여기서 식 ①, ②를 잘 보기 바란다. π는 3.141592…의 원주율이고 상수이다. e는 네이피어 수(오일러 수=2.7182…)로 이것 역시 상수이다.

이외의 σ는 표준편차(148쪽 참조), μ(뮤)는 평균값이다. 그렇게 하면 결국 정규분포의 그래프 형태는 표준편차, 평균값 두 개로 결정된다고도 할 수 있다.

✔ e의 거듭제곱 형태를 보기 쉽게 하는 exp

그런데 이 식은 e 이하가 거듭제곱이 되어 있어 매우 복잡하다. 그래서 e 이하가 거듭제곱인 경우

$$f(x) = \frac{1}{\sqrt{2\pi}\,\sigma} e^{-\frac{(x-\mu)^2}{2\sigma^2}} \rightleftarrows f(x) = \frac{1}{\sqrt{2\pi}\,\sigma} \exp\left(-\frac{(x-\mu)^2}{2\sigma^2}\right)$$

으로 적어 조금 보기 쉽게 하는 방법이 있다. 결국,

$$e^{●} = \exp(●)$$

와 같이 바꾼 것이다. exp는 이엑스피라고 그대로 읽으며 exponential(지수/멱)의 약자로 엑셀의 함수로도 사용된다.

	A	B	C	D
1	누승		엑셀에서의 표기	결과
2	1	e의 1승	=EXP(A2)	2.7182818
3	2	e의 제곱	=EXP(A3)	7.3890561
4	3	e의 세제곱	=EXP(A4)	20.0855369
5	4	e의 네제곱	=EXP(A5)	54.5981500

Expected value

$E(\ )$, $E[\ ]$

이(기댓값)

기댓값은 E(X) 또는 E[X]와 같이 나타낸다. E는 영어의 Expected value(기댓값)에서 땄다.

그러면 기댓값이란 무엇일까. 한마디로 말하면 **평균값(가중산술 평균)**을 말한다.

구체적인 예를 들어 살펴보자. 예를 들어 아래의 표는 어느 날의 복권의 상금이다. 당신이 한 장에 300원하는 복권을 한 장만 샀을 때 **평균적으로 어느 정도의 금액이 돌아올 거라고 기대할 수 있는가**, 그것이 기댓값의 내용이다.

	A	B	C	D
1		상금	개수	각 상의 금액
2	1등	300,000,000	13	3,900,000,000
3	보너스상	100,000,000	26	2,600,000,000
4	조가 다른 상	100,000	1,287	128,700,000
5	2등	10,000,000	39	390,000,000
6	3등	1,000,000	780	780,000,000
7	4등	100,000	26,000	2,600,000,000
8	5등	10,000	130,000	1,300,000,000
9	6등	3,000	1,300,000	3,900,000,000
10	7등	300	13,000,000	3,900,000,000
11			14,458,145	19,498,700,000
12		발매 총액 390억 원. 13유닛의 경우 ※1유닛 1,000만 장		

실제로는 꽝이 되면 0원(반환율 0%). 만약 1등인 3억 원이 당첨되면 원금의 100만 배이다(반환율은 1억%). 하지만 여기서는 평균적인 반환을 예산한다.

계산 방법은 간단하다(계산은 번거롭지만). 1등~7등의 상금은 앞 페이지 도표의 B란에, 그리고 각 상의 당첨 개수는 C란에 적혀 있으므로 각 상에서 준비한 금액은,

금액(B란) × 개수(C란)

으로 계산할 수 있다. 이것이 D란에 적혀 있는 숫자이다. 이들을 모두 더하면 준비된 복권의 상금 총액을 계산할 수 있다.

총액 = 194억 9,870만 원 …❶

복권의 총 개수는 앞 페이지 표의 가장 아래에 주(※)로 표기되어 있다. 한 장에 300원인 복권이 모두 팔린 경우에 390억 원이 되므로 총 개수는,

390억 원 ÷ 300원(/개) = 1억 3,000만 개 …❷

1매당 평균 반환 금액은 ❶ ÷ ❷이므로

194억 9,870만 원 ÷ 1억 3,000만 개

= 149.99원 ≒ 150원

여기에서 당신이 1매 300원에 복권을 산 경우 평균적으로 반환될 거라고 기대할 수 있는 금액은 150원으로 딱 절반이다(이전에는 좀 더 반환율이 나빴다). 이것은 **평균적으로 반환될 거라고 기대할 수 있는 양**이므로 기댓값이라고 부른다. 이 복권의 기댓값(평균값)은 150원이다. 이 기댓값은 상금을 단순하게 평균한 것이 아니라 나올 개수(확률)에 따라서 가중치를 부여하면서 평균값을 낸 것이다. 때문에 가중산술평균(가중평균)이라고도 한다.

기댓값 = 가중산술평균(가중평균)

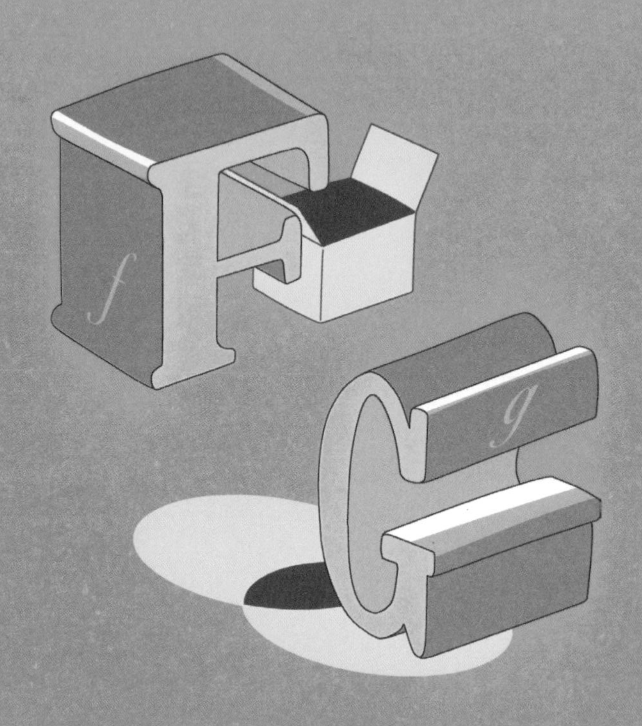

F, f는 알파벳의 6번째 문자로 그리스 문자로는 20번째인 Υ, υ(입실론)에 해당한다. 입실론의 대문자 Υ는 알파벳 Y와 비슷하기 때문에 그리스어에서는 ϒ와 같이 표기해서 혼란을 방지하기도 한다.

G, g는 알파벳 7번째 문자로 그리스 문자의 3번째인 Γ, γ(감마), 즉 알파벳의 C와 같은 기호에서 파생했다. 그렇다면 C와 G는 형제였을까?

그러고 보니 C와 G는 모양도 발음도 비슷하다.

function

$f(x)$, $y=f(x)$
에프엑스(함수)

함수 $f(x)$의 f는 function(함수)의 약어로 중국에서 음역했을 때 fun(펀)이 函(han)이 되어 함수(函數)라고 번역되어 우리에게 전해졌다. 다만 함(函)의 문자가 1946년에 고시된 당나라용 한자에 없었기 때문에 관(關) 자를 적용한 경위가 있다.

함수라는 것은 변수 x, y가 있을 때 한쪽의 x 값이 하나로 결정되면 다른 쪽의 y 값도 하나로 결정되는 대응 관계를 말한다. 함수란 대응 관계인 것이다.

$y=2x+3$이라는 함수가 있으면,

$x=1$일 때, $y=2\times1+3$으로 $y=5$
$x=5$일 때, $y=2\times5+3$으로 $y=13$
$x=8$일 때, $y=2\times8+3$으로 $y=19$

와 같이 정해진다.

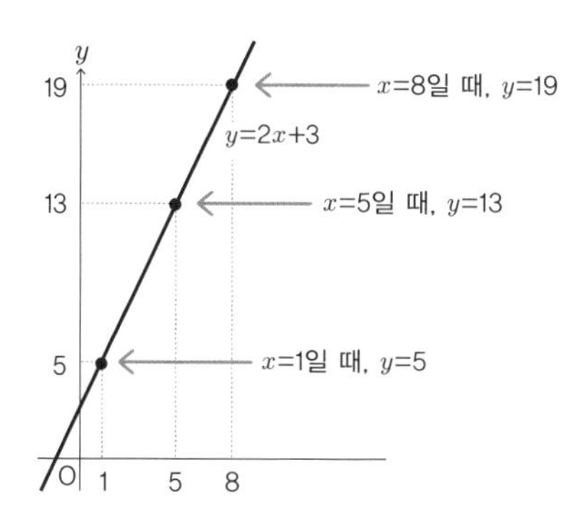

이처럼,

각각의 x 값에 대해 y 값이 하나로 정해진 관계가 함수이다.

그렇다고 해도 함수가 뭔지 확 와 닿지 않을 테니 두 개의 그래프를 보고 연상해보자. 생각할 것은 x의 하나의 값에 대해 y의 값이 하나로 정해지는가의 여부이며 그렇지 않으면 함수가 아니라는 한 가지 사실이다.

【문제】 $y=x^2$와 $y^2=x$가 있을 때 각각은 함수라고 해도 좋을까? 함수란 x의 값에 대해 y의 값이 하나로 정해지는 것을 말한다.

실제로 그래프를 그리면 다음과 같다.

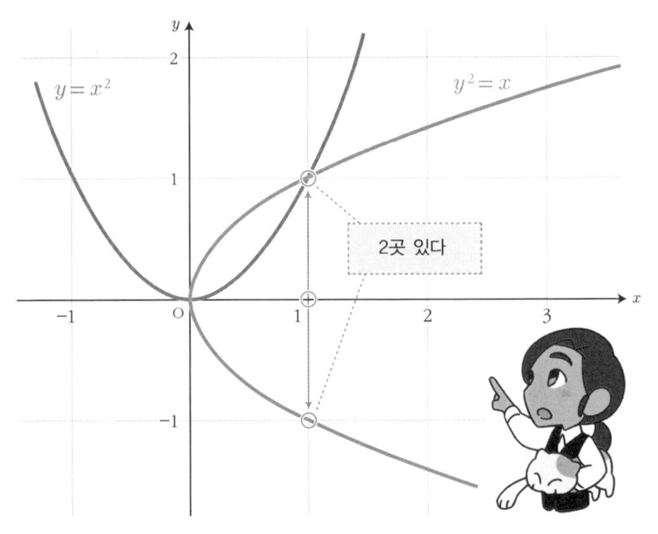

$y^2=x$인 그래프에서는 하나의 x 값에 두 개의 y 값이 대응한다.

파란색 그래프가 $y=x^2$이고 빨간색 그래프가 $y^2=x$인 그래프이다. 여기서 $y=x^2$에서는 $x=1$에 대해 $y=1$로 단 하나에 대응하고 있다. 즉 x의 값이 하나로 정해지면 y의 값도 하나로 정해지는 관계가 되므로 $y=x^2$는 함수라고 할 수 있다.

그러면 $y^2=x$의 그래프는 어떨까. 이것은 $y=x^2$를 가로로 눕힌 형태를 하고 있다. 차이는 그것뿐이다. 이 그래프에서는 $x=1$에 대해 y에는 $y=1$과 $y=-1$의 두 개 값이 대응하고 있다. 즉,

x의 하나의 값에 대해 y의 값은 하나로 정해지지 않으므로 '$y^2=x$는 함수라고 할 수 없다'가 결론이다.

함수인지 아닌지의 기준은 이와 같이 정의에 의해 결정된다.

하나에 대응하지 않는다

함수이다

함수가 아니다

✓ 함수를 블랙박스에 비유할 수 있는 이유

함수를 나타내는 한자 '함(函)'은 상자라는 뜻을 갖는다. 이 점에서 함수를 그래프 박스나 자동판매기에 비유해서 설명하는 일이 있다.

즉, 무언가가 입력(x)되면 이유는 알 수 없지만 어쨌든 무언가가 하나만 자동적으로 출력(y)된다. 이와 같이 x에 대하여 하나의 y가 대응하고 있기 때)문에 함수이다.

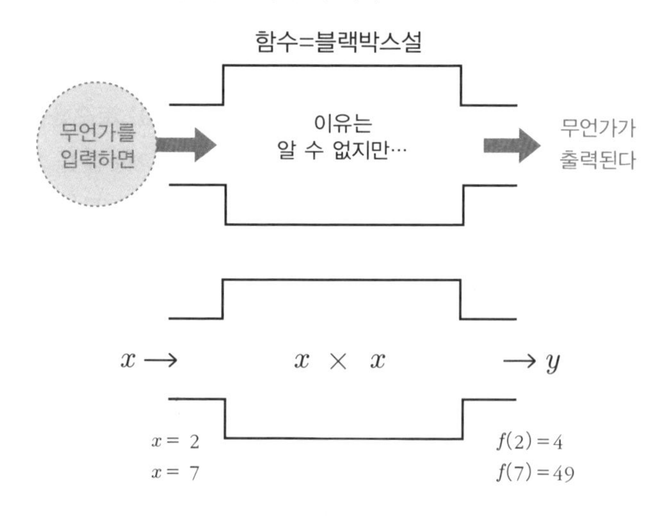

이 때 $y=f(x)$에서 x를 독립변수(**설명변수**), y를 종속변수(**목적변수**)라고 한다. 독립이니 종속이니 하는 말은 기묘하게 들리지만, 이것은 x가 정해지면 y는 x의 값에 따라서(종속해서) 결정되는 관계에 있기 때문에 y를 종속변수라고 부른다. 독립은 그 무엇에도 제약받지 않고 자유롭게(독립적으로) 정해지는 정도를 의미한다.

한편 함수의 기호로는 $f(x)$가 사용되는 일이 많고 y가 x의 함수일 때 $y=f(x)$라고 나타내지만 함수가 몇 개 있을 때는 $f(x)$ 이외에도 $g(x)$, $h(x)$ 등 f에 이어지는 다른 문자로 함수를 나타내기도 한다.

$f'(x)$, $\lim_{\Delta x \to 0} \frac{f(x+\Delta x)-f(x)}{\Delta x}$, $\lim_{\Delta x \to 0} \frac{\Delta y}{\Delta x}$, y' 에프프라임엑스(도함수)

미분은 고등학교 수학에서 가장 어렵다고 말하는 사람이 있는가 하면 미분만큼은 자신 있다고 말하는 사람도 많다. 그 차이는 미분을 제대로 파악했느냐 그렇지 않느냐의 차이이다.

미분이란 접선의 기울기를 말한다. 그뿐이다. 조금 더 정확하게 말하면 함수의, 어느 점의 접선의 기울기를 말하며, 접선을 구하는 방법을 사용하면 극댓값, 극솟값, 최댓값과 최솟값을 구할 수 있다. 마찬가지로 주식의 향후 추이를 예측하는 것도 가능하다.

그렇다고 해도 미분에는 많은 기호가 있다. 우선 기호를 읽는 방법부터 시작하자.

- $f'(x)$ … f 프라임 x($'$를 남들 앞에서 대시라고 읽지 않을 것!)
  $\lim_{\Delta x \to 0} \frac{f(x+\Delta x)-f(x)}{\Delta x}$ … 리미트 델타x는 0에 가깝고 델타x분의 fx 플러스 델타x, 마이너스 fx(분수로 읽어도 상관없다)
- $\lim_{\Delta x \to 0} \frac{\Delta y}{\Delta x}$ … 리미트 델타x는 0에 가깝고 델타x분의 델타y
- y'… y 프라임
- $\frac{d}{dx}y$ … 디y, 디x(여기서는 분수로 읽지 않는다)

$f'(x)$의 $'$는 **대시라고 읽지 않고 프라임으로 읽도록** 한다. $\frac{d}{dx}y$는 분수처럼 디x분의 디y라고 읽기 쉽지만 디y, 디x라고 분자에서 분모로 읽는다(뭐, 크게 신경 쓸 일은 아니지만).

【문제】 $f'(x)$, $\dfrac{dy}{dx}$를 어떻게 읽는가?

'미분이란 접선의 기울기다'라고 간단히 말해도 이해하기 어렵다. 다음의 직선 그래프에서 직선의 기울기는 $\frac{a}{1}=a$가 된다. 어느 점에서도 기울기는 a이다.

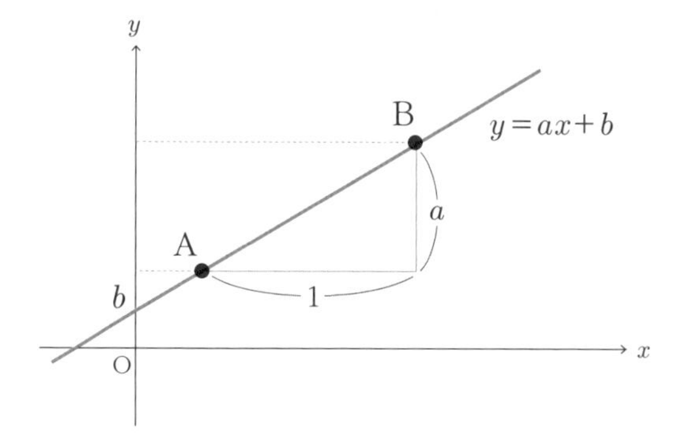

그러면, 직선이 아닌 다음과 같은 곡선의 기울기를 생각해보자.

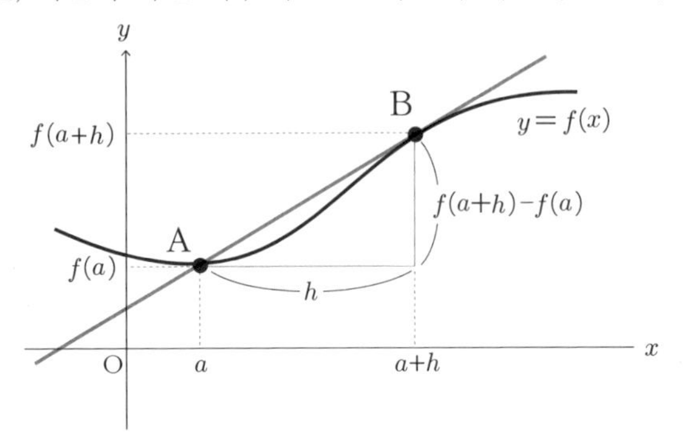

갑작스럽게 곡선의 기울기를 생각하는 것은 어려운 일이다. 그래서 어느 구간에 국한해서 기울기를 생각하는 것이 요령이다. 가령, 점 A와 점 B 사이의 기울기라면 A부터 B까지 변화한 양(차)을 생각하면 다음과 같이 나타낼 수 있다.

$$\frac{y\text{의 변화량}}{x\text{의 변화량}}=\frac{f(a+h)\quad f(a)}{(\cancel{a}+h)-\cancel{a}}=\frac{f(a+h)-f(a)}{h}$$

이것을 **평균변화율**이라고 한다. 이것은 직선 AB의 기울기를 나타낸다.

하지만 아무리 생각해도 너무 대략적이다. 전혀 이 곡선을 따르고 있는 것처럼 보이지 않는다.

그러면 어떻게 할까. 점 B를 점 A에 가깝게 하면 좋지 않을까. 즉 다음 그림과 같이 점 B를 B′, 다음에 B″…와 같은 식으로 서서히 A에 가까이 한다.

그 이유는 x의 변화량이 서서히 줄어드는, 즉 h가 0에 가까워진다고 할 수 있으므로($h\to0$), $a+h$는 a에 가까워진다.

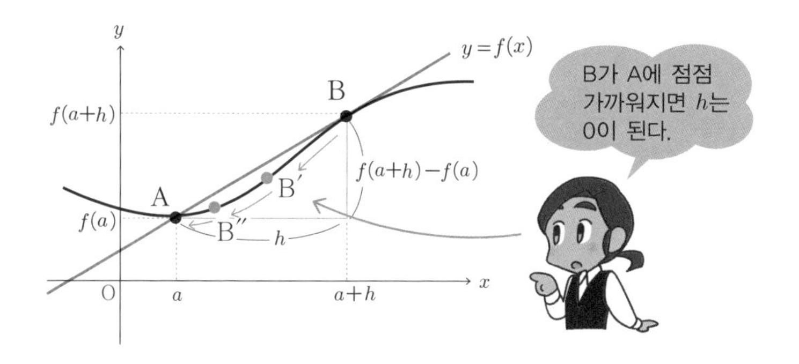

이때 $a+h$의 극한값은 a라고 하며, 다음과 같이 적고 이 식은 'lim(리미트), h가 0에 가까워지는, $a+h$'라고 읽는다.

$$\lim_{h \to 0}(a+h)=a$$

이처럼 h가 0에 가까워질 때 평균변화율이 일정한 값으로 가까워지면 그 극한값을 $f(x)$의 x=a에서의 미분계수라고 하며 $f'(a)$라고 표기한다. 이때 얻을 수 있는 함수를 $f(x)$의 도함수라고 하고 $f'(x)$라고 표기한다. 82페이지의 위에 있는 기호는 모두 같은 의미이다.

우선 이 도함수 $f'(x)$는 그 의미에서도 다음 식으로 나타낼 수 있다.

$$f'(x)=\lim_{h \to 0}\frac{f(x+h)-f(x)}{h}$$

이 식에서 분모의 h는 x가 증가한 분이므로 x의 증가분이라고 하며 분자의 $f(x+h)-f(x)$는 y의 증가분이다. 그래서 이 증가분을 각각 Δx, Δy라고 표현한다. **Δ는 그리스어로 델타라고 읽는다** (Δ는 알파벳 d에 해당한다).

그렇게 하면, 앞의 식은

$$f'(x)=\lim_{\Delta x\to 0}\frac{f(x+\Delta x)-f(x)}{\Delta x}=\lim_{\Delta x\to 0}\frac{\Delta y}{\Delta x}$$

라고 다시 쓸 수 있다.

이외에도 $f'(x)$ 대신 y'라고도 적으며, 아래와 같이 표기하기도 한다.

$\frac{dy}{dx}$에서 분자의 y를 내린 것이 $\frac{d}{dx}y$

$\frac{dy}{dx}$에서 분자의 y를 내려서 $f(x)$로 한 것이 $\frac{d}{dx}f(x)$

이외에 $\dot{x}$라는 표기도 있다. 그리고 함수 $f(x)$에서 도함수 $f'(x)$, 혹은 y', 혹은 $\frac{d}{dx}y$ 등을 구하는 것을 미분한다고 한다.

어느 기호가 나와도 똑같으므로 당황할 필요 없다. 또한 '미분계수, 도함수, 미분한다'의 구별이 조금 어렵지만 다음과 같이 생각하기 바란다.

미분계수 $f'(a)$ … 어느 점($x=a$)의 기울기

도함수 $f'(x)$ … 미분함수 $f'(a)$에서 얻어지는 함수(일반화한 것)

미분한다 … 도함수를 구하는 것

최대공약수, 최소공배수

9를 나눌 수 있는 수라고 하면 1, 3, 9 세 개를 생각할 수 있다. 24의 경우는 1, 2, 3, 4, 6, 8, 12, 24 여덟 개가 있다. 이처럼 어떤 수를 나눌 수 있는 수를 약수라고 하며 보통은 1과 자신의 수도 포함한다. 따라서 6의 약수는 2, 3 두 개가 아니라 1, 2, 3, 6 네 개가 된다. **약수의 경우 1과 자신의 수를 잊어서는 안 된다**.

이러한 약수 중에서 두 수에 공통되는 약수를 공약수라고 하고, 그중에서도 가장 큰 공약수를 최대공약수라고 한다. 9와 24의 경우 공약수는 1, 3 두 개뿐이고 최대공약수는 3이다(아래 그림 참조).

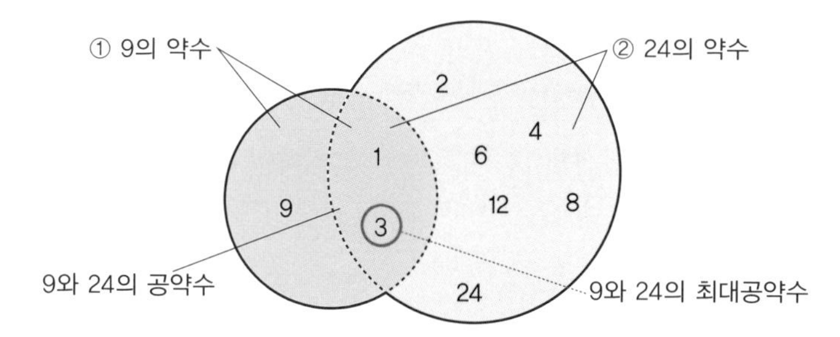

✓ 소수란 무엇인가?

그런데 3의 경우는 1과 자신의 수(=3)밖에 약수를 갖고 있지 않다. 이러한 수를 예로 들어보면,

2, 3, 5, 7, 11, 13, 17, 19, 23, 29, 31⋯

등이 있다. 이것이 소수이다. 예를 들면 7이라는 소수와, 소수가 아

닌 26의 최대공약수는 1밖에 없다. 이처럼 최대공약수가 1이 되는 경우 '7과 26은 서로소'라고 한다. 분수에서는 보통

$$\frac{9}{27}=\frac{1}{3},\ \frac{4}{6}=\frac{2}{3},\ \frac{25}{90}=\frac{5}{18}$$

와 같이 약분을 한다. 분모와 분자를 더 이상 나눌 수 없는 형태까지 나누는 것인데, 이것은 분모와 분자에서 공약수를 갖지 않는다는 얘기이다. '분수의 분모와 분자를 서로소로 만들 수 있다'는 점을 이용하면 $\sqrt{2}$가 무리수라는 것을 증명할 수 있다(130페이지 참조).

이에 대해 4는 1, 2, 4와 같이 1과 자신의 수 이외에 2라는 수를 약수로 갖고 있다. 9는 1, 3, 9와 같이, 16은 1, 2, 4, 8, 16과 같이 각각 1과 자신 이외의 약수를 갖고 있다. 이들 수는 '소수'가 아니라 '합성수'라고 한다.

최대공약수는 어떤 때 사용하나?

이러한 '공통의 약수 중에서 최대…'와 같은 내용을 공부해서 무엇을 할 수 있을까. 수학은 항상 생활 속에서 도움이 되는 것은 아니지만 최대공약수를 응용할 수 있는 방법을 생각해보자.

예를 들어 윗면이 세로 60cm, 가로 45cm인 큰 케이크를 가능한 한 윗면이 큰 정사각형으로 나누고 싶을 때,

60의 약수 : 1, 2, 3, 4, 5, 6, 10, 12, 15, 20, 30, 60
45의 약수 : 1, 3, 5, 9, 15, 45

라고 하면 윗면이 15cm×15cm인 12개의 케이크로 나눌 수 있음을 알 수 있다.

(60×45)÷(15×15)=12개

마찬가지로 42명, 48명, 36명으로 구성된 세 반이 있는 중학교에서 수학여행을 갈 때 같은 인원수로, 가능한 한 큰 그룹으로 나누어서 행동시키고 싶을 때도,

42의 약수 : 1, 2, 3, 6, 7, 14, 21, 42
48의 약수 : 1, 2, 3, 4, 6, 8, 12, 16, 24, 48
36의 약수 : 1, 2, 3, 4, 6, 9, 12, 18, 36

그렇다면 6명씩 그룹을 나누는 것이 적절하다고 판단할 수 있다.

✓ 최소공배수란 무엇인가?

여기까지 약수, 공약수, 최대공약수를 설명했는데 반대로 두 수(세 개 이상인 수여도 좋다)의 공배수, 최소공배수도 있다.

우선 어떤 수의 배수, 공배수, 최소공배수란 무엇일까. 3과 4를

예로 들어 보면,

3의 배수 … 3, 6, 9, 12, 15, 18, 21, 24, 27, 30, 33, 36, …
4의 배수 … 4, 8, 12, 16, 20, 24, 28, 32, 36, …

이 상태라면 배수가 커지면 커질수록 얼마든지 공배수는 나오므로 최대공배수라는 것은 끝이 없는 것을 알 수 있다.

하지만 **최소공배수**를 생각하면 하나로 정해진다. 12이다. 이것이 최소공배수이다.

최소공배수는 어떤 때 사용하나?

A군과 B양은 같은 직장에서 연애를 하고 있다. A군은 휴일이 6일마다, B양은 휴일이 5일마다 한 번 선택할 수 있다. 오늘 두 사람이 함께 휴가였다고 하면 다음 번에 두 사람이 같은 날에 휴가를 쓸 수 있는 것은 언제일까? 이것을 생각할 때도 최소공배수를 사용할 수 있다.

A군　6, 12, 18, 24, 30, 36, …
B군　5, 10, 15, 20, 25, 30, 35, …

유감스럽게 거의 1개월 후가 된다.

이외에도 슈퍼마켓에 가서 두 개의 티슈가 있을 때 어느 것을 사는 것이 이득인지를 생각할 수 있다.

어느 것이 이득인지는 최소공배수로 생각할 수 있다.

티슈 A, 티슈 B는 각각 150장(250원), 200장(300원)이라고 하면, 최소공배수(장)는

티슈 A 150, 300, 450, 600, 750, 900, …
티슈 B 200, 400, 600, 800, 1000, 1200 …

에서 600이다. 600장일 때 각각의 가격은

티슈 A 600÷150=4상자 4상자×250=1000원
티슈 B 600÷200=3상자 3상자×3000=900원

티슈 B가 이득이다.

최소공배수에 대해서는 92쪽의 칼럼(소수매미)에서도 다시 한 번 살펴본다. 생물의 생존 전략에도 최소공배수는 관계하고 있는 것 같다.

Column

소수매미의 수수께끼

매미라고 하면 매년 7~8월에 '맴맴' 시끄럽게 울어대는 여름의 풍물시라고 할 수 있다. 미국에는 17년마다 나타나는 17년 매미(미 북부), 13년마다 나타나는 13년 매미(미 남부)라는 희귀한 매미가 있다. 17, 13은 소수이기 때문에 소수매미 혹은 주기매미라고도 불린다.

17년 매미와 13년 매미의 알이 나무에 이식되어 유충이 되면 땅속으로 들어가서 17년, 13년의 기간을 가만히 기다렸다가, 땅속에서 나와 일제히 울어댄다. 다만 미국에서 전국적으로 17년마다 또는 13년마다 나타나는 게 아니라, 어느 해는 5대호 남쪽에 있는 몇 개 주에서, 다음 해는 동해안을 중심으로 폭넓은 지역에서 나타난다.

왜 소수매미가 17년마다 또는 13년마다 나타나는지에 대해서는 여러 가지 설이 있다. 그 하나가 온도의 영향이다. 일찍이 빙하기와 같은 혹한기에는 가령 살아남을 수 있는 좁은 지역(레퓨지아refugium)이 있어도 '다음에 지상에 나오는 타이밍'을 모두 맞추지 않으면 자손을 남길 수 없다(매년은 나올 수 없으므로). 이것이 '○년 주기'를 만든 것이 아닐까 생각한다.

그러면 3년 주기, 12년 주기도 좋았을 텐데 왜 소수 주기일까.

최소공배수를 이용하면 생존 방법으로도 유리하다는 걸 알 수 있다. 예를 들면 3년 주기의 포식자가 있는 경우 주기가 12년인 매미가 동시에 발생하는 것은 12년 간격이다. 이것은 3년과 12년의 최소공배수이다.

3년 포식자	3	6	9	12	15	18	21	24	27	30	33	36	39	42	45	48
12년 매미				12				24				36				48

그야말로 나올 때마다 포식자가 기다리고 있는 셈이다. 그 말은 즉, 생존 전략으로는 위험하다는 얘기다.

그것이 13년 주기, 17년 주기인 경우에는 어떻게 될까.

3년과 13년의 최소공배수는 39년. 3년과 17년의 최소공배수는 51년이니까 그 사이는 포식자를 만나지 않을 수 있다.

3년 포식자	3	6	9	12	15	18	21	24	27	30	33	36	39	42	45	48	51
13년 매미				13				26					39				
17년 매미					17						34						51

I, i는 알파벳 9번째 문자로 그리스 문자의 9번째 ι(이오타)에 해당한다.

iMac, iPod, iPad, iPhone 등 애플의 제품에 일제히 i가 사용되면서 i 문자에는 왠지 Intellectual(지적) 느낌마저 감돈다. 실제로 iPS 세포의 i도 iPod에서 이름을 땄다고 한다.

한편 J는 i에서 분기한 기호이다.

K, k는 알파벳 11번째 문자. 그리스 문자의 10번째 Κ, κ(카파)에서 유래한다.

k=1000이라고 해서 서력 2000년을 Y2K와 같이 표기하는 일도 있다.

L, l은 알파벳 12번째 문자. 그리스 문자 11번째의 Λ, λ(람다)에 해당한다. L의 소문자 l은 숫자 1과 비슷하기 때문에 세리프(작은 장식)가 있는 폰트(*l*)를 사용해야 할 때도 있다. 체적을 나타내는 리터는 프랑스 혁명 당시인 1793년에 리트론(그리스어 유래)서 정의됐다.

imaginary number, etc.

$i, j, k, Re(z), Im(z), \bar{z}$

아이(허수)

i(아이)는 허수 단위(imaginary unit)라고 불린다. 허수 단위로는 i가 일반적으로 사용되지만 공학에서는 전류에 i 기호를 사용하고 있기 때문에 허수 기호로 j, k 등도 종종 사용한다.

수의 세계에서는 자연수, 정수를 거쳐 유리수, 그리고 무리수를 추가한 실수 세계로 확장하지만, 그 다음에 나타나는 것이 허수 단위 i를 포함한 복소수의 세계이다.

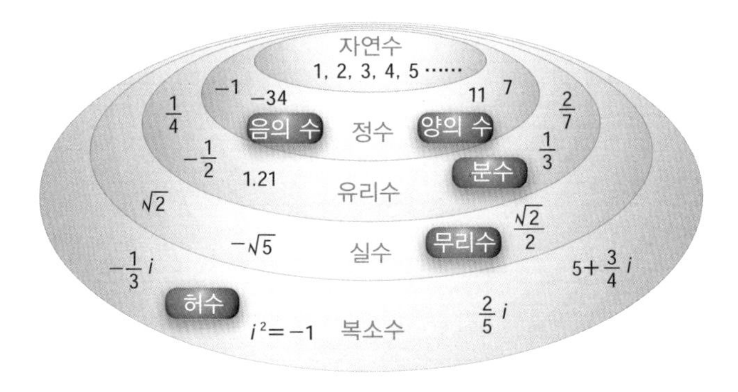

우리가 익숙한 실수의 세계에서는 실수 x를 제곱하면 반드시 다음과 같은 플러스 수가 된다.

$x=2$일 때 제곱해서 $x^2=2^2=4$(양의 수)

$x=-2$일 때도 제곱해서 $x^2=(-2)^2=4$(양의 수)

여기서 **제곱해서 −1이 되는 수를 생각하고 이것을 i로 나타낸다**. 즉 $i^2=-1$에서, i를 허수 단위라고 하며 i는 $i^2=-1$을 충족하는 답이다.

허수라는 명칭과 i 기호는 데카르트(1596~1650년)가 상상의 수(imaginary number)라고 부른 것에서 명명됐다. 당시의 유럽에서는 음의 수조차 공상의 숫자라고 생각했기 때문에 제곱해서 음의 수가 되는 일은 상상의 산물로밖에 여기지 않았을 것이다.

실수+허수로 복소수

두 개의 실수 a, b와 허수 단위 i를 이용해서 $a+bi$로 한 것이 복소수이다. a는 **실수부**, b는 **허수부**라 불린다. 만약 $b=0$이라면 $a+bi=a$로 실수, $b\neq0$일 때 $a+bi$는 허수가 된다(특히 $a=0$일 때는 bi만이 되어 **순허수**라고 한다).

한편 복소수끼리의 연산은 실수부와 허수부를 합쳐

$$(5+3i)+(2+5i)=(5+3+2+5)i=15i \quad \times$$

와 같은 계산은 불가능하다. 실수부는 실수부끼리, 허수부는 허수부끼리 묶어야 가능하다. 즉,

$$(5+3i)+(2+5i)=(5+2)+(3i+5i)=7+8i$$

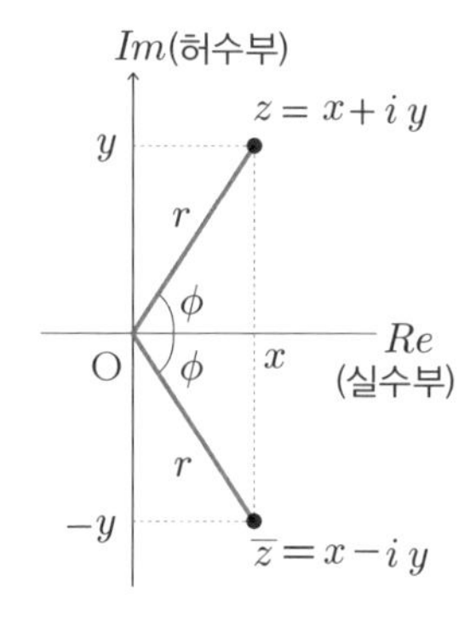

복소수를 $z=Re(z)+iIm(z)$라고 적는 일이 있다. $Re(z)$ 또는 $Re\ z$를 실수부(Real Part), $Im(z)$ 또는 $Im\ z$를 허수부(Imaginary Part)를 가리키는 기호로 사용하는 것이다.

또한 $z=x+iy$일 때 $x-iy$가 되는 복소수를 $\bar{z}$라고 표기하고 z의 켤레 복소수라고 한다.

*켤레 복소수 : 임의의 복소수에 대하여, 실수 부분은 같으나 허수 부분의 부호가 반대인 복소수

Integral

$F(x)=\int f(x)dx,\ \int_0^3 x^2dx$

인테그랄(적분)

적분에는 부정적분과 정적분이 있다.

부정적분	정적분
$F(x)=\int f(x)\,dx$	$F(x)=\int_1^3 f(x)\,dx$
범위가 없다	범위가 있다

위의 왼쪽의 형태는 부정적분이라 불리는 것으로 적분하면 $f(x)$가 되는 함수 일반을 가리킨다. 예를 들면 $F(x)=\int 3x^2dx$라면 어느 함수 $f(x)$를 미분하면 $3x^2$가 되므로 $f(x)$로서 x^3을 바로 생각해냈다. 하지만 그거 하나라고는 단정할 수 없다. 이외에도 x^3+1, x^3-5 등 뒤의 상수를 바꿈으로써 실은 무수하게 있다는 것을 깨닫는다. 그래서 이들을 묶어서

$$\int 3x^2dx=x^3+C$$

라는 형태를 하고 있다. C는 적분상수라 불리는 것이다.

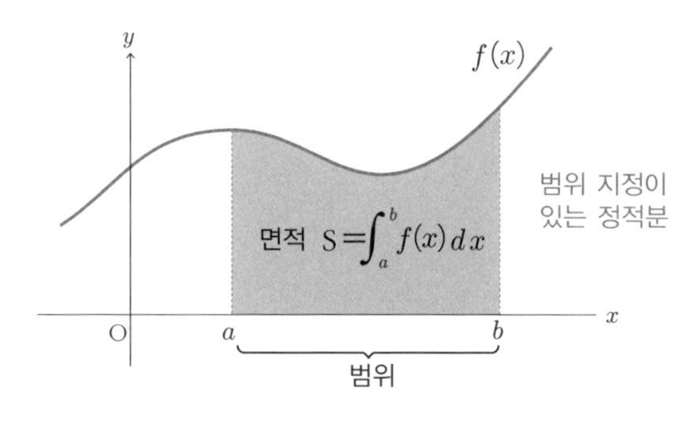

또 하나의 정적분이란 앞 페이지의 그림과 같이 적분을 하는 범위(a~b)가 있고, 이에 의해 적분상수 C가 계산 과정에서 상쇄되어 사라진다. 정적분은 면적과 체적을 구하는 데 사용된다.

✓ 인테그랄에도 여러 가지 형태가 있다

그런데 적분 기호 ∫(인테그랄이라고 읽는다)의 형태에는 여러 가지가 있다.

$$\int_0^1 \qquad \int_0^1 \qquad \int_0^1$$

왼쪽에서 차례대로 MathType(수식 편집 소프트웨어/매스 타입), TeX(편집 조판 시스템/텍), 나아가 고등학교 수학 교과서의 서체이다. 적분 기호인 인테그랄 ∫(Integral symbol)을 생각해낸 것은 라이프니치(1646~1716년)이다. 적분은 한 번 작게 자르고 그것을 모두 모아 면적과 체적을 구하는 작업이므로 라이프니치는 이것을 calculus summatories(총괄 계산)이라고 부르고, sum(총합)에서 s를 세로로 길게 늘여서 기호화했다고 여겨진다.

S → ʃ → ∫

S를 늘인다　　인테그랄로

수학 기호를 잘 아는 한 전문가는 오래전부터 demonʃtration과 같이 s만 길게 적는 습관이 있었던 같다고 지적한다. 그렇게 하면 s가 ∫로 기호화된 것은 자연스러운 과정이었을지 모른다.

✓ s인데 왜 인테그랄이라고 읽는가?

그러면 왜 s에서 발단된 ∫ 기호를 인테그랄이라고 읽을까. 그것은 라이프니치와도 친분이 있었던 스위스의 야콥 베르누이(1654~1705년, 요한 베르누이의 형)가 적분을 calculus integralia이라고 불러, 영어 integral(완전한)에서 적분의 기호 인테그랄이라고 부르게 됐다고 한다.

GPS가 아니라 적분으로 자동차의 위치를 측정

현재의 내비게이션은 GPS로 위치를 측정하고 있다. 한편 GPS로 위치 정보를 입수할 수 없었던 1970년대에 혼다가 개발한 것이 자이로 센서와 거리 센서, 지도 시트에 의해서 자동차의 이동 방향과 주행 거리를 검출하고 적분으로 현지 위치를 구하는 시스템이다(자동차 전용 관성항법장치).

초창기에 여러 가지 기술이 난립했지만, 적분은 그런 곳에도 등장했다.

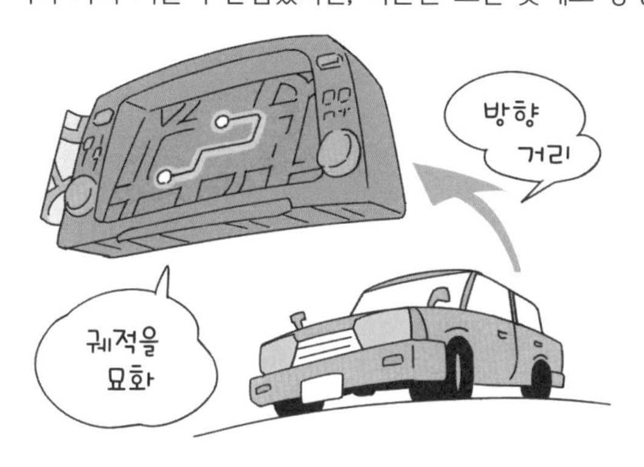

logarithm

log, ln
로그/엘엔(대수함수)

로그(log)는 logarithm을 줄인 표기이고, ln(엘엔)이라고 적기도 한다.

일반적으로 '지수·로그'라고 쌍으로 불리듯이 지수와 로그는 다음과 같은 관계에 있으며, 이것을 역함수라고 한다.

(지수) $2^3=8$ ⇆ (로그) $\log_2 8=3$

(지수) $3^5=243$ ⇆ (로그) $\log_3 243=5$

(지수) $10^3=1000$ ⇆ (로그) $\log_{10} 1000=3$

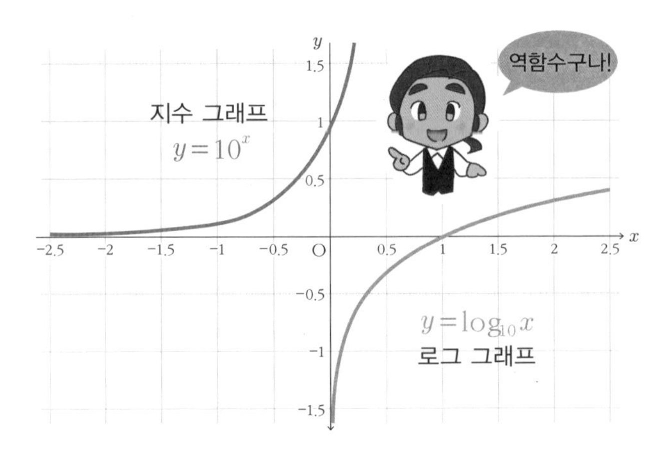

로그의 기호를 크게 적고 다시 한 번 보면

$$\log_{10} 1000=3$$

과 같다. 여기서 log 다음에 10이라는 지수가 작게 적혀 있다(아래

첨자). 이것은 아래에 적혀 있으므로 로그에서는 **밑**이라고 부른다.

밑에 사용할 수 있는 수치는 10뿐 아니라 2도, 6도 18도 상관없지만 주로 사용하는 수치에는 두 종류가 있다. 바로 10과 e(네이피어 수 또는 오일러 수, 68쪽 참조)이다.

때문에 10과 e의 경우는 '밑을 생략해도 좋다'고 여겨지고 있다. 그 경우 둘 모두 log1000과 같이 적으면 10을 생략한 건지 e를 생략한 건지 구별할 수 없다. 그래서 10과 e는 다음과 같이 표기를 바꾸어서 적기도 한다.

밑 10을 생략한 형식 log1000
밑 e를 생략한 형식 ln1000

ln은 엘엔이나 론, 자연로그인 1000 등이라고 부른다. 그리고 10을 밑으로 하는 로그를 **상용로그**, e를 밑으로 하는 대수를 **자연로그**라고 한다.

자연로그는 미분에서 아주 편리!

71쪽에서도 설명했지만, 이쯤해서 당연한 의문 하나가 생긴다. 그것은 밑이 10인 경우에 10진법에 익숙한 우리들에게는 계산도 하기 쉬울 테고, 자연로그라면 얘기는 다르겠지만 일부러 밑에 2.7182…로 계속되는 e를 사용한 것이 자연로그라는 것은 무슨 얘기일까.

이것은 로그를 미분할 때 밑이 10인 경우(왼쪽 아래)보다 '밑이 e인 쪽이 편리'하며, '사용하기 쉽고 자연스럽다'는 것이 이유이다.

$$(\log_{10}x)' = \frac{1}{x\log_e 10} \qquad (\log_e x)' = \frac{1}{x}$$

pH와 매그니튜드

로그가 일상생활에서 자주 사용되는 예로는 pH(페하/피에이치)와 매그니튜드가 있다.

pH는 수소 이온 지수라고 하며, 용액이 산성인지 알칼리성(염기성)인지를 판단하는 데 사용한다. $pH<7$일 때 산성, $pH=7$일 때 중성, $pH>7$일 때 알칼리성이라고 하며 다음 식으로 구해진다.

$$pH=-\log_{10}[H^+]$$

밑은 10이므로 pH가 1 달라지면 수소 이온 농도(H^H)가 10배 달라진다고 이해할 수 있다.

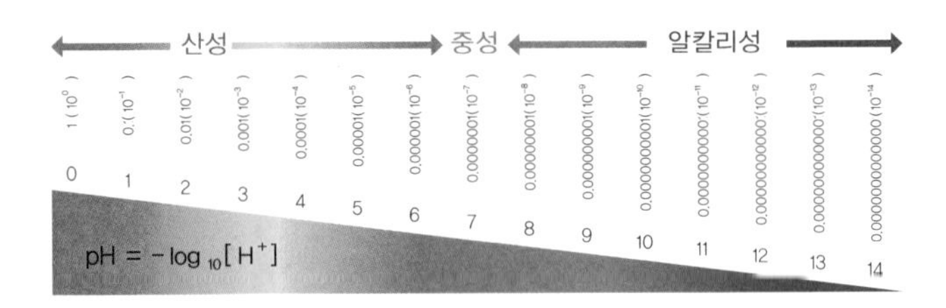

지진에서 자주 듣는 매그니튜드는 어떨까. 이것은 지진의 에너지 크기를 나타내는 것으로 지진의 에너지를 E, 매그니튜드를 M이라고 하면

$$\log_{10}E=4.8+1.5M$$

으로 나타낼 수 있다. 이 식을 보면 M을 1만큼 높이면 지진 에너지의 로그는 1.5 늘고 M을 2 높이면 에너지의 로그는 4 증가하는 것을 알 수 있다. 로그의 밑은 10이므로 M이 3 증가하면 $\log_{10}E=3$이므로 $E=10^3=1000$이고 에너지는 1000배나 커진다는 것을 알 수 있다.

M, m은 알파벳 13번째 문자로 그리스 문자 12번째의 M, μ(뮤)에서 유래한다. 단위에는 기본 단위와 이를 토대로 한 조립 단위가 있다. 길이는 7개의 기본 단위 중 하나이므로 m(미터)와 로만체(정체)로 적고 질량은 조립 단위이므로 *m*과 같이 이탤릭체(사체)로 적는다.

N, n은 알파벳 14번째 문자로 그리스 문자 13번째의 N, ν(뉴)에서 유래한다. 설문조사에서 조사 수(표본 수)를 n=50과 같이 표기하는데, 바로 n=number의 약어이다.

O, o(오)는 알파벳 15번째 문자로 그리스 문자 15번째의 O, o(오미크론)에서 유래한다. O(오)와 0(제로)를 구별하기 위해 0에 사선을 넣어 Ø로 적는 일도 있다.

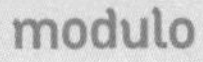

mod
모드(나머지, 잉여)

mod(모드)란 나눗셈에서 나머지를 말한다.

X mod Y = P

라고 하면 X를 Y로 나눈 나머지는 P라는 얘기이다.

예를 들어 12 mod 5=2, 7 mod 3=1, 31 mod 7=3이다.

나머지를 산출한다는 것 외에는 다른 의미는 없으므로 어떤 경우에 사용되는지를 알아보자.

은행의 계좌번호, 서적이나 잡지의 코드 등에는 반드시 체크 숫자(digit)라 불리는 것이 있다.

1230 4자릿수의 예금 계좌번호가 있다고 하자. 만약 당신이 1231이라고 잘못 입력해서 10만 원을 송금했다면 1231의 구좌를 가진 타인에게 입금하게 되면 곤란하다(물론 이름을 확인하지만).

실수는 누구나 하기 마련이며, 실수를 예방하기 위해 실제의 계좌번호(4자릿수의 경우)는 다음과 같이 구성되어 있다.

처음 3자리째까지 … 고객 식별 번호
마지막 4자리째 … 체크 숫자

다시 말해 본인의 진짜 계좌번호는 123까지이고 다음의 체크 숫자는 앞의 3자리 숫자를 토대로 체크용 숫자로 산출된 것이다.

✓ 서적 코드의 체크 숫자

이 책의 뒷표지 아래를 보면 작게

ISBN 978-89-315-5728-2

이라고 적혀 있다. 이것이 서적 코드로 마지막 2가 체크 숫자이다. 서적의 코드는 다음과 같다.

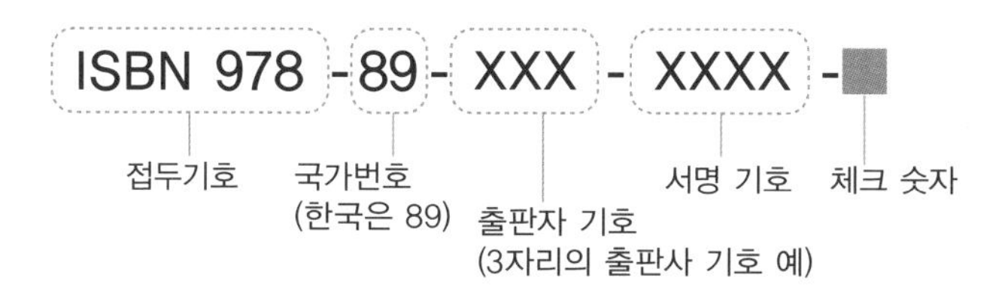

출판사가 실제로 자유롭게 사용할 수 있는 것은 XXX-XXXX의 7자리뿐이고 그것도 출판사 기호(성안당의 경우 315의 세 자리)를 제외한 자리의 숫자를 책에 따라서 바꾼다(출판사 기호의 길이에 따른다). 여기서 아래의 계산을 해보자.

① 978로 시작하는 홀수 번호의 숫자를 더해 1배한다 ➡ A

② 978로 시작하는 짝수 번호의 숫자를 더해 3배한다 ➡ B

③ A+B를 계산하여 10으로 나누어 나머지를 낸다(mod) ➡ C

④ 10-C ➡ 체크 숫자(다만, C=0일 때는 0으로 한다)

그러면 ISBN 978-89-315-5728-2를 보자(마지막의 2는 실제로는 체크 숫자이므로 지금은 그 2를 얻는 것이 목적)

❶ 9+8+9+1+5+2=34×1 ➡ A=34

❷ 7+8+3+5+7+8=38×3 ➡ B=114

❸ A+B=34+114=148 148 mod 10=8 ➡ C=8

❹ 10-8=2 ➡ 체크 숫자=2

으로 마지막의 2가 결정된다.

이와 같이 나머지 계산에 사용되는 것이 mod이다 .

$_{n}\mathrm{P}_{r}$ 엔피알(순열)

$_{n}\mathrm{P}_{r}$이란 순열에서 사용하는 기호이다. **몇 개(n개) 중에서 일부(r개)를 꺼내서 나열했을 때 나열하는 방법의 총수를 생각하는 것이 순열**이다. 순열이 어떤 경우에 사용되는지를 한 가지 예를 들어 생각해보자.

암호이다. 로마의 카이사르는 카이사르 암호를 만든 것으로 유명하다. 갑자기 'L ORYH BRX'라는 글을 보면 전혀 알 수 없다. 하지만 알파벳 문자를 3문자씩 뒤로 밀려 적은 거라고 알게 되면 A → D, B → E, C → F … 이므로 'L ORYH BRX'를 3문자씩 앞으로 되돌리면 I love you가 된다.

카이사르(시저) 암호

일반 알파벳	A	B	C	D	E	F	G	H	I	J	K	L	M	N	O	P	Q	R	S	T	U	V	W	X	Y	Z
암호 알파벳	D	E	F	G	H	I	J	K	L	M	N	O	P	Q	R	S	T	U	V	W	X	Y	Z	A	B	C

상단의 알파벳을 3문자씩 밀려서 적어 놓았다.

카이사르 암호 해독표

3문자씩 밀린다.

카이사르 암호는 3문자씩 비켜갈 뿐이었지만….

장치는 의외로 단순했다. 이 3문자를 아니라 5문자, 8문자씩 뒤로 밀려 써도 바로 읽을 수 있다. 영화 〈2001년 스페이스 오디세이〉에 나오는 컴퓨터 HAL의 이름도 IBM의 이름을 1문자씩 앞으로 당겨 쓴 것이었다.

암호라면 좀 더 복잡하게 얽혀야 하는데….

그래서 A~Z의 26문자를 각각 다른 문자로 바꾸어서 보내기로 하자. 물론 아군은 암호 해독표를 갖고 있기 때문에 의미를 알고 있다.

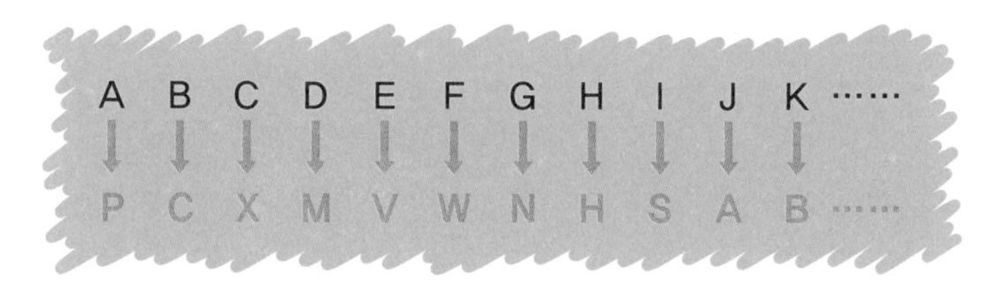

이렇게 되면 적군은 적잖이 당황한다. 해독하려고 해도 최초의 암호 문자는 A~Z 26개를 생각할 수 있고 다음 암호 문자는 25개, 3번째 암호 문자는 24개, 4번째는 23개, 5번째는 22개, … 마지막의 26번째는 1개가 된다.

이것을 나타내면 $26\times25\times24\times \cdots \times3\times2\times1$, 이것을 26!(26의 계승階乘)이라고 부른다(계승에 대해서는 173쪽 참조).

계승(!)에서 순열($_nP_r$)로

이 암호 방식으로 하면 WOUFL이라는 단 5문자로 된 암호라도 $26\times25\times24\times23\times22$가지나 된다. 무려 789만 3500가지이다.

그런데 이와 같이 $26\times25\times24\times23\times22$라고 적는 것은 번거롭다. 조금 더 깔끔한 방법이 있으면 좋을 텐데 말이다. 그러기 위해 앞에 나온 '!' 기호를 이용한다(!를 읽는 방법은 계승). 암호를 26개 모두 나열했더니 26!이었다.

$26\times25\times24\times23\times22\underline{\times21\times20\ \cdots\ \times1}$ … ❶

그리고 WOUFL이라는 암호는 5문자밖에 없기 때문에,

$26\times25\times24\times23\times22$ … ❷

이다. ❶과 ❷를 비교하면 ❶의 뒤에 있는

$\underline{21\times20\times\ \cdots\ \times1}$

의 부분이 ❷에는 없다. 그리고 $\underline{21\times20\times\ \cdots\ \times1}$의 부분은 21!(계승)이라고 적을 수 있다! 그러면 26×25×24×23×22는 다음과 같이 생각할 수 있다.

$$\frac{26\times25\times24\times23\times22\times21\times20\times\cdots\cdots\times1}{21\times20\times\cdots\cdots\times1}$$

← 이것은 26!
← 이것은 21!

그렇게 하면 26×25×24×23×22는,

$$26\times25\times24\times23\times22=\frac{26\times25\times24\times23\times22\times21\times20\times\cdots\cdots\times1}{21\times20\times\cdots\cdots\times1}$$
$$=\frac{26!}{21!}$$

그런데 이것은 26개의 알파벳 문자에서 5개를 취한 형태이지만 식을 보면 5는 어디에도 없다. 그리고 21이라는 숫자는 어디에서 나왔는가 하면 (26−5)이다. 21의 부분을 바꾸면…,

$$26\times25\times24\times23\times22=\frac{26\times25\times24\times23\times22\times21\times20\times\cdots\cdots\times1}{21\times20\times\cdots\cdots\times1}$$
$$=\frac{26!}{21!}=\frac{26!}{(26-5)!}$$

……26개 모두를 나열하는 방법
……5개 이외(21개)를 나열하는 방법

26개의 알파벳 문자에서 5개를 뽑아서 나열하는 것을 n개 중에서 r개를 뽑아서 나열한다고 생각하면,

$$_{n}P_{r}=\frac{n!}{(n-r)!} \qquad \cdots ③$$

이다. 이것이 순열이라 불리는 것으로 순열에는 $_{n}P_{r}$이라는 기호가 있다(P는 Permutation의 약자).

예를 들어 생각해보자. A군, B군, C군 세 사람을 차례대로 나열하는 방법은 몇 가지인지 알아보자. 세 사람 중에서 세 명을 뽑아서 세 사람을 나열하는 방법이다. 그러면 $n=3$, $r=3$이므로 식에 대입하면,

$$_{3}P_{3}=\frac{3!}{(3-3)!}=\frac{3!}{0!}=\frac{3\times2\times1}{1}=6(\text{가지})$$

위 식에서 $0!=1$이므로(174쪽 참조) 제대로 계산했다. 다만 이 정도의 수라면,

ABC, ACB, BAC, BCA, CAB, CBA 6가지

와 같이 순서대로 골라내도 가능하다.

인형 다섯 개를 나열하는 방법은 몇 가지일까?

그리고 4명이면 24가지(4×3×2×1), 5명이 되면 120가지, 6명이 되면 720가지이다. 이렇게 커지면, 빠트리지 않고 또한 중복되지

않게 헤아리려면 엄청 번거롭다.

또한 13명 중에서 4명을 골라서 나열하는 방법은 13!, 무려 62억 가지나 된다. 매우 방대한 계산이다.

	A	B	C	D	E	F
1						
2	n	13	6,227,020,800		나열하는 방법의 총수=	17,160
3	r	4				
4	n-r	9	362,880			

실제로 계산은 엑셀에 맡긴다고 해도, 엑셀로 계산할 때는 일단 13!을 모두 계산한다. 하지만 ${}_nP_r$의 식 ❸을 사용하면,

$$\frac{13!}{(13-4)!} = \frac{13!}{9!} = \frac{13 \times 12 \times 11 \times 10 \times \cancel{9} \times \cancel{8} \times \cdots \times \cancel{1}}{\cancel{9} \times \cancel{8} \times \cdots \times \cancel{1}}$$

$$= 13 \times 12 \times 11 \times 10 = 17,160(\text{가지})$$

와 같이 분모와 분자에서 서로 상쇄하기 때문에 계산은 (13×12×11×10)으로 간단하므로 계산기로도 계산할 수 있다.

에니그마 암호

그러면 암호 이야기로 돌아가자. 제2차 세계대전 당시에 독일이 만든 에니그마 암호에는 1.59×10^{20}가지의 암호 키 후보가 있었던 것으로 여겨진다. 이 암호를 풀기 위해 영국은 최고의 팀을 꾸렸고 그중 한 사람이 수학가 알란 튜링이었다.

그러나 해독에 성공했던 것 자체가 영국 정부의 비밀로 여겨져 전후에도 발표되지 않았다.

$_{n}\mathbf{C}_{r}$ 엔씨알(조합)

순열 다음은 조합이다. 순열에 대해 복습하자면 열 명 중에서 세 명을 골라, 그 세 명을 나열하는 방법을 생각하는 패턴이다.

세 명을 각각 A, B, C라고 하면 ABC, ACB, BAC, BCA, CAB, CBA 6가지의 나열 순은 다르므로 '모두 다르다'고 보고 헤아린다. 순열은 **나열 방법, 나열 순서가 핵심**이기 때문이다.

세 명의 면면은 한 가지라도 나열하는 방법은 6가지(순열 · $_{3}P_{3}$)

하지만 면면을 보면 A군, B군, C군 세 명인 것에는 변함이 없다. 단지 한 쌍이다. 이렇게 나열하는 순서의 차이를 고려하면(순열) 6가지가 있지만 순서를 무시하고 면면의 차이만으로 보면 한 가지이다.

면면(세트, 조합)을 생각하는 것이 조합이다. 조합은 Combination이라는 의미에서 $_{n}C_{r}$로 표기한다.

세 명의 면면은 한 가지(조합 · $_3C_3$)

순열이라면 6가지인데 조합이 되니 한 가지가 된 것은 왜일까? 그것은 조합이 같은 것이라도 그중에서 나열 방법이 다른 것은 다르다고 보고 각각 헤아렸기 때문이다.

그렇다면 **순열에서 조합의 수를 조사**할 수 있다.

즉, 순열이란 n명 중에서 r명을 골라서, **그 r명을 나열하는 방법**이지만 뒤에 나오는 **r명의 나열 방법**을 무시하면 조합이 되는 것이다. 이 얘기는 순열의 식을 변형하면,

순열

$$ {}_nC_r = \frac{{}_nP_r}{r!} = \frac{\dfrac{n!}{(n-r)!}}{r!} = \frac{n!}{r!(n-r)!} $$

으로 순열의 식에서 조합의 식을 도출할 수 있다.

유미: 순열과 조합은 자주 헷갈리는데, 구별이 쉽지 않아요.

지호: 확실히 그렇지. 순열이란 두 가지로 나눌 수 있어.

❶ n명에서 r명을 뽑는다

❷ 그 r명을 나열하는 방법($r!$)

이잖아. 조합은 ❶ 부분만이야. 순열과 조합을 쉽게 구별할 수 있는 문제를 내볼게.

【문제】 8명의 자치회 임원에서 회장, 부회장을 한 명씩 선택하게 됐다. 회장, 부회장을 선택하는 방법은 몇 가지일까?

유미: 8명 중 두 명을 고르고 그것을 나열하는 방법은?이라고 물으면 순열 문제라는 걸 금방 알 수 있지만, 이 문제에는 그렇게 적혀 있지 않아서 알 수가 없잖아.

지호: 당황하지 않아도 돼. '8명 중 두 명을 고른다'까지가 ❶이야. 이 두 명(예를 들어 A군과 B군)을 고르면 끝…이라면, 아까 조합을 설명하면서 ❶의 부분만이라고 한 것처럼 조합 문제지.

하지만 여기서는 두 명을 선택하는 걸로 끝이 아니야. 회장, 부회장을 정하지 않으면 안 되므로 두 명을 구별(회장, 부회장)할 필요가 있어.

가령 첫 번째 사람을 회장, 두 번째 사람을 부회장이라고 하면 A·B와 B·A라는 나열 방법이 있다고 생각하면 돼. 따라서 이 부분은 ❷(두 명을 나열하는 방법)에 해당하고 결국 순열 문제인 것을 알 수 있지.

유미: 그렇구나. 순열 문제였구나. 그렇게 하면 순열 공식 ${}_nP_r$을 사용해서 n=8, r=2이므로,

임원 수=8

$$ {}_8P_2 = \frac{8!}{(8-2)!} = \frac{8!}{6!} = \frac{8\times 7\times 6\times 5\times \cdots\cdots \times 1}{6\times 5\times \cdots\cdots \times 1} $$

$$ = 8\times 7 = 56\ (\text{가지}) $$

회장·부회장=2

선배 고마워요. 이제 순열 문제라는 거 제대로 이해했어요.

지호: 하지만 다음의 문제는 다른 얘기야.

【문제】 8명의 자치회 임원에서 대표자를 두 명 뽑기로 했다. 대표자를 선택하는 방법은 몇 가지일까?

지호: 이렇게 적혀 있으면 8명 중 두 명을 뽑는 과정은 ❶과 같지만 뽑힌 두 명의 대표자에는 차이가 없지. 이것이 포인트. 따라서 두 명의 면면만 문제가 되지.

유미: 결국 조합이라는 거네요. 회장, 부회장을 구별하지 않으니까 순열이 아니네요. 계산해볼게요.

$$ {}_8C_2 = \frac{8!}{(8-2)!\,2!} = \frac{8!}{6!2!} = \frac{\overset{4}{\cancel{8}} \times 7 \times \cancel{6} \times \cancel{5} \times \cdots \times \cancel{1}}{\cancel{2} \times 1 \quad \cancel{6} \times \cancel{5} \times \cdots \times \cancel{1}} $$

$$ = 4 \times 7 = 28\,(\text{가지}) $$

두 사람을 구별하지 않는다(중복을 배제한다)

과연 'O명 중에서 ×명을 뽑았다'는 뒤의 표현을 보고 ×명에 어떤 순번(구별)을 매겨야 할지를 생각하면 되는 거네요.

8명 중에서 두 명(대표자)을 뽑는다=조합
8명에서 두 명을 뽑고, 다시 회장과 부회장을 뽑는다=순열

number

$\mathbb{N}$, $\mathbb{Z}$, $\mathbb{Q}$, $\mathbb{R}$, $\mathbb{C}$

엔/제트/큐/알/씨(자연수/정수/유리수/실수/복소수)

수(number)에는 다음의 두 가지 의미가 있다.

(1) 순서, 차례를 나타낸다.

(2) 전부 몇 개인지 양을 나타낸다.

수의 개념을 구체적으로 나타내기 위한 기호가 숫자였다(제1부 참조). 때문에 인류는 다양한 모양을 숫자 기호로 고안해왔는데, 수의 개념 자체도 시대의 발전에 따라서 크게 확대해왔다.

현재는 대략 다음과 같은 수가 알려져 있다.

자연수 1, 2, 3, 4, 5
정수 … −3, −2, −1, 0, 1, 2, 3, 4, 5 …
유리수 분모와 분자가 정수인 분수로 나타낼 수 있는 수
(단 분모는 0이 아님)
실수 유리수와 무리수의 합집합
복소수 실수와 복소수의 합집합

2

ℕ은 자연수 전체의 집합. 어릴 적부터 1, 2, 3…으로 숫자를 배우기 시작한다. 이와 같은 보통의 수, 자연의 수인 1, 2, 3…이 자연수이고 ℕ의 기호로 나타낸다. ℕ은 Natural number의 약자이다.

ℤ는 정수 전체의 집합. 정수는 영어로는 integer 또는 Whole number이며 ℤ라는 글자는 어디에도 나오지 않는다. ℤ 기호는 독일어 Ganze Zahl(정수)에서 유래한다고 한다.

ℚ는 유리수 전체의 집합. 영어로 Rational number이지만 ℚ라는 기호는 이탈리아의 페아노(1858~1932년)에 의해 나눗셈의 몫을 의미하는 Quoziente에서 만들어졌다. 유리수는 분수의 형태로 나타낼 수 있는 수를 말한다(서로소인 두 정수 m, n에 의한 n/m의 형태 : 단 $m \neq 0$). 유리수는 분수, 즉 비가 있는 수를 나타내므로 유리수의 한자 리(理)는 비(比)의 뜻으로 사용되었다.

ℝ은 실수 전체의 집합. Real number의 약어이다. 의미상 분모와 분자가 정수인 분수로는 나타낼 수 없는 수를 포함한 수를 말한다. 가령, 무리수 $\sqrt{2}$도 실수이다.

ℂ는 복소수 전체의 집합. Complex number의 약어이다.

이들 수의 개념은 인간의 상업 활동에 따른 필요성 또는 지적 활동과 더불어 서서히 확장되고 발견됐다고 할 수 있다. 예를 들어 피타고라스학파는 유리수(정수와 분수)의 범위까지밖에 인정하지 않았지만 실은 직각이등변삼각형의 빗변이 유리수의 범위를 넘는 것을 깨닫고 그 사실을 인정했다고 한다. 즉, 분모와 분자가 정수인 분수로는 나타낼 수 없는 무리수의 존재이다.

✓ 칠판 볼드체(blackboard bold)란 무엇인가?

자연수에서 복소수까지는 $\mathbb{N}$, $\mathbb{Z}$, $\mathbb{Q}$, $\mathbb{R}$, $\mathbb{C}$의 기호가 이용된다. 모두 굵은 볼드체(로만체, 정체)이다. 보통의 볼드 글자라면 선생이 칠판에 판서를 할 때 초크로 몇 번이고 덧그려서 적어야 하는 수고가 필요하기 때문에(수고하는 대신 비치지 않는다) 일부 선을 두 개로 그리는 **칠판 볼드체**라고 불리는 서체가 기호로 사용되고 있다.

칠판 볼드체는 수식 편집 소프트웨어 Math Type에서도 입력할 수 있지만 문장 안에 매립하는 것은 조금 번거롭다.

2

Normal distribution

$N(\mu,\ \sigma^2)$

엔 뮤 시그마 제곱(평균 μ, 분산 σ^2의 정규분포)

통계학에서 가장 사용 빈도가 높은 분포가 정규분포이다. N은 정규분포(Normal distribution)의 약자이다. 정규분포를 나타내는 $N(\mu,\ \sigma^2)$ 안에 있는 μ(뮤)는 평균값, σ^2(시그마 제곱)은 분산이라고 한다(분산이란 흩어진 정도를 말한다). 한편 분산 σ^2의 제곱근값을 표준편차(σ)라고 한다.

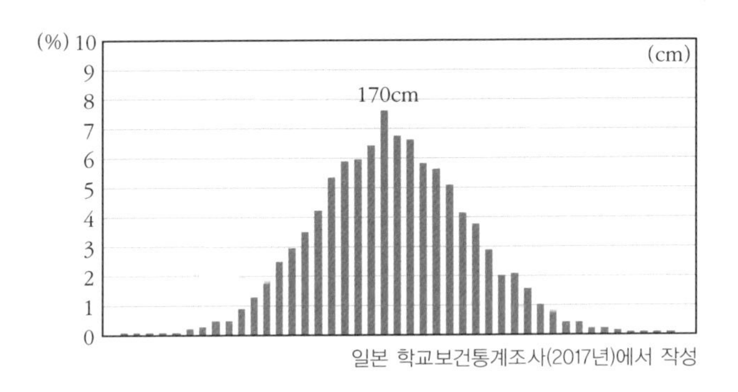

일본 학교보건통계조사(2017년)에서 작성

그런데 정규분포란 무엇일까. 그래프는 17세 남자 고등학생의 키를 나타낸 분포 그래프이다. 170cm 정도의 지점에 가장 많은 학생이 모여 있고 그보다 키가 작거나 또는 커짐에 따라 서서히 감소하는 그래프 모양을 하고 있다. 이런 식의 분포가 정규분포이다.

정규라고 하면 난해한 개념처럼 느껴지지만 정규분포의 토대가 되고 있는 영어는 영어 Normal distribution으로, '**극히 정상적인 분포**'라는 정도의 의미밖에 없다.

정규분포는 우리의 생활 속 여기저기에 분포한다. 슈퍼마켓에서 팔고 있는 양파를 100개 사와서 무게를 재면 키의 분포와 마찬가지로 평균적인 무게가 가운데에 가장 많이 모이고 그것을 중심으로 좌우로 서서히 줄어드는 그래프(정규분포)가 될 것이라고 예측할 수 있다. 이것이 정규분포이다.

국어와 수학 시험을 보고 두 과목의 점수 분포가 아래의 그래프와 같이 깨끗한 정규분포를 이룬다고 하자. 물론 실제로는 시험 결과가 정규분포가 된다는 보증은 없지만, 여기서는 정규분포가 됐다고 가정하기 바란다.

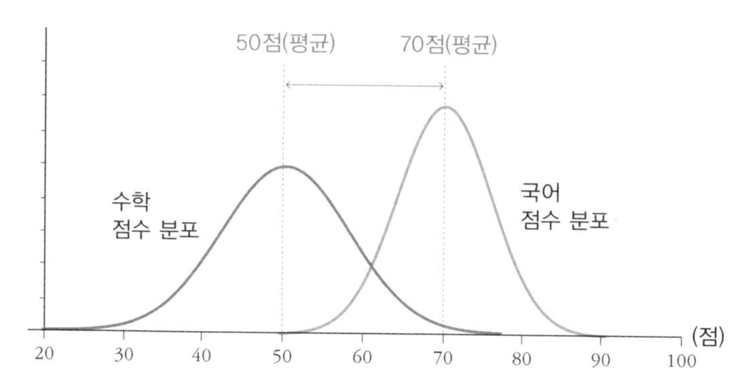

이것을 봐도 알 수 있듯이 **정규분포는 하나가 아니라 평균값, 데이터의 편차 정도에 따라서 위치도 모양도 다르다**.

편차도는 분산(σ^2)으로 정해지므로 결국 정규분포는 평균값(μ)과 분산(σ^2)을 대입하면 그래프를 그릴 수 있다. 이것을 $N(\mu, \sigma^2)$으로 나타낸다.

O with stroke(empty set)

Ø, ∅
스트로크가 붙은 오(공집합)

✓ 스트로크가 붙은 Ø

공집합이란 원소가 하나도 없는 집합을 말한다. 공집합은 기호 Ø으로 나타낸다.

Ø 기호는 니콜라 부르바키(1930년대부터 활약한 수학자 집단)가 노르웨이어 O(오)에 사선을 그은 Ø(스트로크를 붙인 오/슬래시를 붙인 오)를 제안한 것에서 시작됐다고 한다.

∅ 기호는 0(제로)에 /를 붙인 기호로 '스트로크가 붙은 제로/슬래시가 붙은 제로'라고 불린다.

예를 들어 두 집합 X(1, 5, 9, 13)와 집합 Y(2, 8, 16, 22) 사이에는 겹치는 요소(공통부분)가 하나도 없다. 이 경우 ∩(교집합)을 사용해서,

$X \cap Y = Ø$ (또는 ∅을 사용해서 $X \cap Y = \emptyset$)

라고 나타내며 Ø와 ∅를 공집합(empty set)이라고 부른다. **중복이 없다(empty)는 뜻**이다.

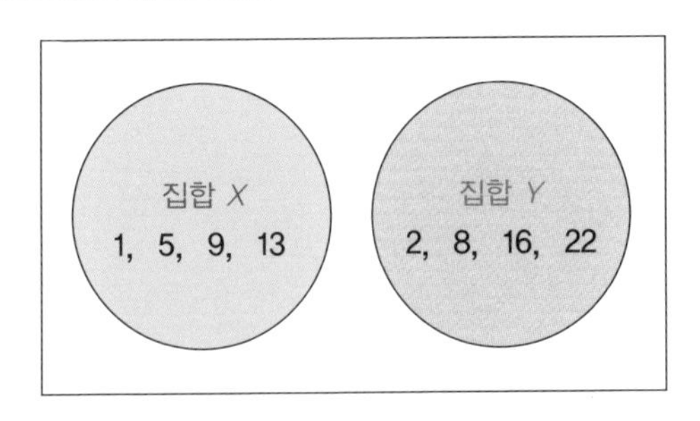

두 집합 X, Y에는 공통부분이 없다.

$X \cap Y = \emptyset$
(공집합)

✓ ϕ(파이)와 닮은 듯 다른 기호 Ø

Ø(스트로크가 붙은 오)와 Ø(스트로크가 붙은 제로)는 그리스 문자의 ϕ(파이)와 매우 비슷한 모양을 하고 있기 때문에 구분하기 어려울 때가 있다. 그러나 엄밀하게는 ϕ(파이)는 아니다.

다만 Ø와 Ø를 단어 등록하는 것이 번거롭거나 어떤 이유로 사용할 수 없는 경우는 ϕ(파이)로 대용해도 좋다. 그 경우는 최초에 공집합을 ϕ라고 한다고 정의(선언)하고 나서 ϕ를 사용하면 좋다. 공집합을 나타내는 경우 반드시 Ø와 Ø를 사용해야만 하는 것은 아니기 때문이다.

2

P, p는 알파벳 16번째 문자로 그리스 문자의 Π, π(파이)에서 유래한다.

P, p는 알파벳 16번째 문자로 그리스 문자의 Π, π(파이)에서 유래한다.

Q, q는 그리스의 오래된 문자 Ϙ, ϙ에서 유래하는 기호이다.

R, r은 그리스 문자의 Ρ, ρ(로)에서 유래하는 기호이다. 모양이 P와 비슷하기 때문에 P와 구별하도록 P의 오른쪽 아래에 수염을 붙여서 R의 모양을 만들었다.

44쪽의 ©마크와 비슷한 것으로 ®(등록 상표 마크)이 있다. ®은 등록된 상표에 사용되며 아직 등록되지 않은 상표에는 ™ 기호가 사용된다.

π
파이(원주율)

원주율 π(파이)는 그리스어 $\pi\varepsilon\rho\acute{\iota}\mu\varepsilon\tau\rho o\varsigma$(페리메트로스) 또는 $\pi\varepsilon\rho\iota\phi\varepsilon\rho\acute{\varepsilon}\iota\alpha$(페리페레이아)의 머리글자 π(P에 해당)에서 따온 것으로 알려져 있다.

유미 : 원주율 π는 3.14라고 알고 있지만 사실은,

$\pi=3.14159265358979\cdots$

로 이어지며 언제까지고 끝나지 않는 수치잖아요.

지호 : 한 가지 묻겠는데, π는 원래 뭘 말하는 걸까?

유미 : 네? 원주율은 원주율이죠. 그러니까 원주율 말 그대로 원주의 율. 아, 원주의 비율이죠.

지호 : 뭔가 단어가 빠져 있지 않아? '××와 원주의 비율'이라면 알겠지만. 무엇과 원주를 비교할 때를 말하는 걸까?

유미 : 원주는 길이이므로 길이를 비교하는 거면 반지름이나 지름이지요. 원주란 반지름의 6배 정도이니 3.14가 아닐 것 같고. 그러면 지름인가? 원주율 π란 지름과 원주의 비율을 말하는 거네요, 그렇죠?

지호 : 그렇지. 조금 더 정확하게 말하면 **지름에 대한 원주(원의 길이)의 비율**이라는 거지.

지름을 1로 하면 대개 원주는 3.14배 정도의 길이가 된다는 얘기야. 이것은 아무리 큰 원이라도, 아무리 작은 원이라도 변하지 않는 비율이야. 항상.

지름 : 원주 = 1 : 3.14⋯

의 관계에 있는 거지.

유미 : 질문이 있는데요. 어차피 딱 3.14는 아니니까 3으로 해도 되지 않을까요?

지호 : 직감적으로 3은 곤란하다는 생각이 드네. 지름이 1인 원에 내접하는 정육각형을 그려보자. 그러면 정육각형의 둘레의 길이는 3이 돼 버리지.

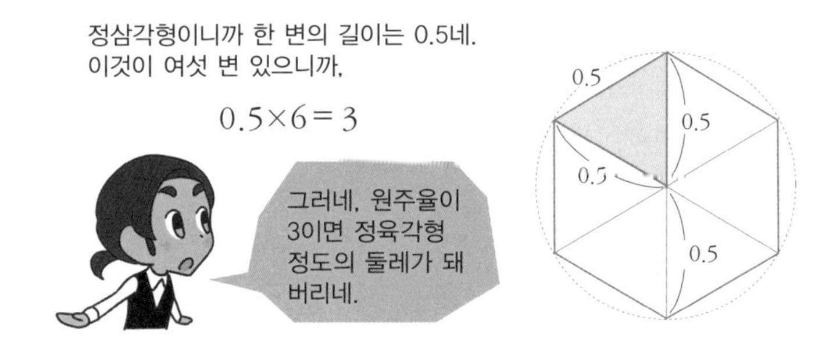

유미 : 정말이네요. 3.14와 3은 비슷한 크기의 숫자라고 생각했는데, 그림으로 그려보니 원과 정육각형 만큼 차이가 있네요. 자, 이 정육각형을 정십이각형으로 하고 다시 정이십사각형…과 같이 해가면 정육각형의 3보다 π의 진짜 값에 가까워진다고 생각해도 될까요?

지호 : 맞아. 실제로는 ❶ 원에 내접하는 정구십육각형, ❷ 원에 외접하는 정구십육각형의 둘레의 길이까지 구하고, '원주의 길이는 ❶과 ❷ 사이에 있다'고 아르키메데스(기원전 287~기원전 212년)가 구했어.

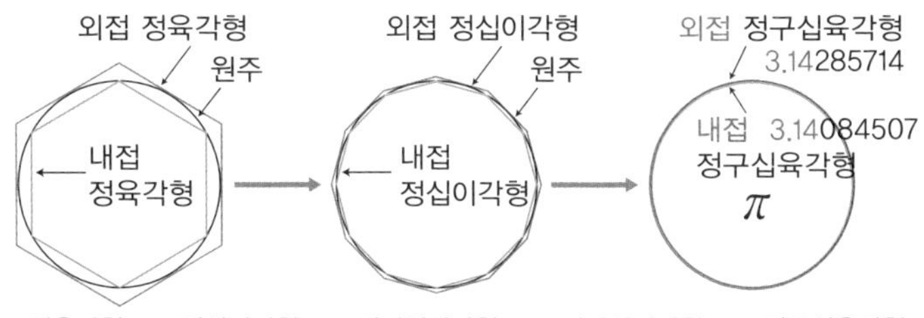

유미 : 그래요? 아르키메데스는 협공법으로 생각했네요. 원에 내접하는 정육각형의 변의 길이는 3인 것을 알 수 있는데, 외접의 경우는 어때요?

지호 : 다음 그림과 같이 외접 정육각형의 둘레의 길이는 $2\sqrt{3}$이 되므로 $\sqrt{3} \fallingdotseq 1.732$에서 $2\sqrt{3} \fallingdotseq 3.46$ 정도일라나.

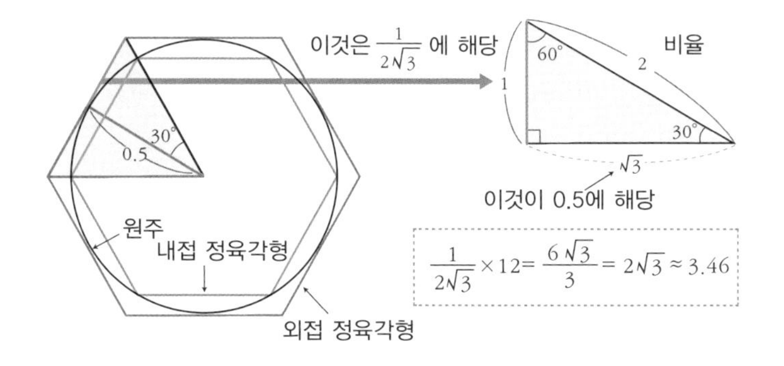

이것을 정구십육각형까지 진행해서(거의 원이 된다) 원주율 π를 다음의 범위까지 압축했어.

$3.14084507\cdots < \pi < 3.14285714\cdots$

최초의 3.14084507…은 내접하는 정구십육각형의 길이야. 그리고 오른쪽의 3.14285714…는 외접하는 정구십육각형의 길이지. 결국 π는 이 사이에 있을 테고, **3.14까지는 공통되기 때문에 원주율 =3.14까지는 맞다**고 할 수 있지. 내가 사용하고 있는 π=3.14는 지금으로부터 2200년이나 전에 아르키메데스가 증명한 셈이야.

✓ 무게에서 π를 계산한다?

좀 더 대략적인 값이어도 괜찮다면 π를 구하는 방법에는 여러 가지가 있다. 그중 하나가 무게에서 구하는 것이다.

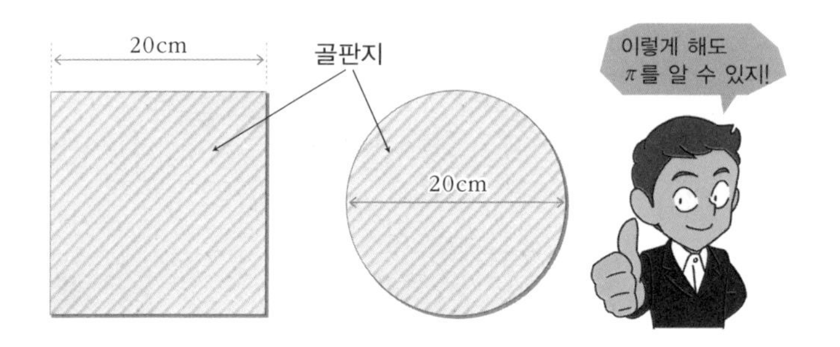

우선 골판지를 사와서 가로 세로가 20cm인 정사각형과 또 하나는 지름이 20cm인 원을 잘라낸다. 그리고 둘의 무게를 실제로 재어보기 바란다.

필자가 해본 결과 정사각형은 2.15g, 원은 17g이었다.

정사각형과 원의 면적비는(두께는 같으므로 체적비는 불필요),

정사각형의 면적$=20\times20=400\text{cm}^2$

원의 면적$=10\times10\times\pi=100\pi\text{cm}^2$

이기 때문에 정사각형 : 원$=400:100\pi=4:\pi$이다.

이것이 2.15g, 17g에 대응하므로,

$21.5:17=4:\pi$

여기에서 $\pi=(4\times17)\div21.5\fallingdotseq3.16279$

3.16이라는, 대략적인 원주율을 구할 수 있다.

자전거에서 π를 계산한다?

자전거가 있으면 바퀴를 이용해서 원주율 π를 구할 수 있다.

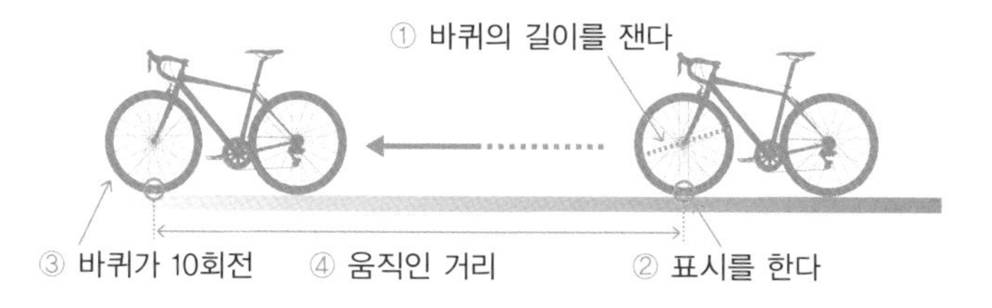

우선 ① 자전거의 바퀴 길이(반지름)를 잰 다음, ② 출발 지점에서 접지해 있는 타이어 부분에 표시를 한다. 그리고 일정 횟수, 가령 ③ 10회전 정도 해보고 자전거를 멈춘다. 여기서 ④ 자전거가 움직인 거리를 계측한다.

필자의 자전거의 경우 ① 자전거의 바퀴 지름은 70cm였다. 여기에 표시를 하고 5회전시키고(10회전이 정확도가 높다) 거리를 측정해 본 결과 11m였다.

바퀴의 원주는 $2\pi r$로 나의 자전거 지름은 $2r=0.7$m였기 때문에, 그 원주가 5회전해서 11m였으므로,

$0.7\text{m}\times\pi\times5 \fallingdotseq 11\text{m}$ 따라서, $\fallingdotseq 3.14285714\cdots$

순환소수와 같지 않다!

원주율 π는 3.14159265358979…로 이어지지만 어딘가에서 끝이 있는가 하면 그렇지 않다. 영원히 계속된다. 영원히 계속된다고 하면 이외에 $\frac{1}{3}$이나 $\frac{1}{7}$의 경우도,

$\frac{1}{3}=0.3333333\cdots$

$\frac{1}{7}=0.142857142857142857142857\cdots$

로 계속된다. $\frac{1}{3}$의 경우는 소수점 이하에서 3이 쭉 반복되며, $\frac{1}{7}$의 경우는 142857 부분이 반복되는 것을 알 수 있다. 이것을 **순환소수**라고 한다.

순환소수의 경우에는 어디부터 어디까지가 순환하고 있는지를 나타내기 때문에 순환하는 수치 위(최초와 최후)에 '·'을 붙여서 '이 부분이 순환한다!'라는 것을 명기한다.

$\frac{1}{3}$의 경우라면 $0.\dot{3}$이라고 표기하고 $\frac{1}{7}$의 경우는 142857의 최초와 최후에 '·'를 붙여서 $\frac{1}{7}=\dot{1}4285\dot{7}$이라고 표기한다.

그런데 π는 결코 반복되지 않으며 분수로도 나타낼 수 없는 무리수이다. 이러한 수를 **초월수**라고 한다. 초월수는 π뿐 아니라 자연로그에서 사용되는 $e=2.7182\cdots$도 있다(e에 대해서는 68페이지 참조).

한편 π의 대문자 Π(파이)는 $\Pi=10\times9\times8\times\cdots\times2\times1$과 같이 사용한다. 때문에 Σ(시그마)가 누적더하기(총합) 기호인 데 반해 Π는 **누적곱하기 기호**라고 불린다.

π의 계산은 컴퓨터의 성능 시험에 사용

이전부터 π의 계산은 컴퓨터의 성능과 수법을 테스트하는 데 사용되어 왔다. 2019년 3월 14일(원주율의 날, 3.14이므로)에는 구글의 이와오 에마 하루카가 슈퍼컴퓨터를 사용해서 31조 4159억 2653만 5897자리까지 π의 값을 계산했다. 이 자릿수 자체가 π를 나타낸다.

$\sqrt{\ }$ 루트 (제곱근)

$\sqrt{\ }$는 루트(root)라고 읽고 제곱근을 나타내는 기호이다. 그리고 $\sqrt{2}$나 $\sqrt{5}$와 같은 **무리수**(irrational number)란 분수(정수÷0이 아닌 정수)로 나타낼 수 없는 수를 말한다.

무리수는 우리가 흔히 보는 도형에도 자주 등장한다. 왼쪽 아래의 직각이등변 삼각형은 빗변의 길이가 무리수인 $\sqrt{2}$이다. 또한 오른쪽 도형은 높이가 $\sqrt{3}$이다. 모든 초등학생이 갖고 있는 삼각자이다.

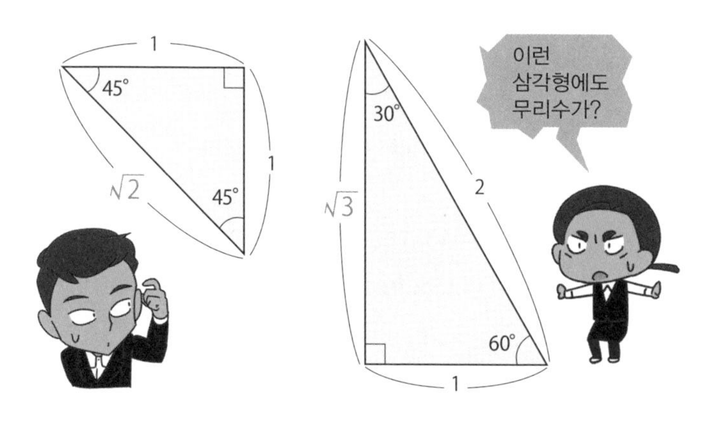

역사적으로는 그리스의 피타고라스학파가 직각이등변 삼각형에서 무리수를 찾아냈다고 한다. 그러나 역사적인 대발견에도 불구하고 발표는커녕 그 사실을 감추었다고 한다. 이유는 피타고라스가 수의 조화와 정합성을 중시했기 때문인데, 조화가 없는(?) 무리수의 존재 자체를 외면해서 입 밖에 내지 않았다고 한다.

✓ $\sqrt{2}$가 무리수라는 것을 증명

그런데 무리수(irrational number)란 유리수가 아닌 실수라고 말하기도 한다. 이런 설명만으로는 확실히 알 수 없다. '유리수가 아니다'라고 하면 유리수란 무엇일까.

유리수란 정수나 분수로 나타낼 수 없는 수를 말한다. 그렇다면 **무리수란 분수로 나타낼 수 없는 수**가 된다. 좀 더 알기 쉽게 말하면 분모, 분자 모두 정수의 비(ratio, 분모는 제로가 아니다)로 나타낼 수 없는 실수를 말한다. 교과서에 나오는 내용이지만, $\sqrt{2}$가 무리수(유리수가 아니다)라는 사실을 증명해보자. 우선,

$\sqrt{2}=\frac{b}{a}$와 같이 '무리수를 분수의 형태로 나타낼 수 있다'
다시 a와 b는 서로소인 정수로 한다($a \neq 0$)

라고 가정한다. 다만 정말로 분수로 나타낼 수 있다면 $\sqrt{2}$는 유리수가 되기 때문에 여기서는,

'분수로 나타낼 수 없다 ⇒ 유리수가 아니다 ⇒ 그렇다면 무리수'

라는 논법으로 $\sqrt{2}$가 무리수라는 것을 증명하려고 했다. 왠지 번거로운 방법이지만, 이것을 배리법(간접증명)이라고 한다.

여기서 $\sqrt{2}=\frac{b}{a}$의 양변을 제곱한다. 그러면 $2=\frac{b^2}{a^2}$가 된다. 우변의 a^2을 이항하면,

$$2a^2=b^2$$

따라서 b는 짝수인 것을 알 수 있다(좌변이 2의 배수이므로)
여기서 $b=2m$으로 하면,

$$2a^2=(2m)^2=4m^2 \qquad a^2=2m^2$$

이번에는 a도 짝수가 되고 $a=2n$으로 나타낼 수 있다. 따라서,

$$\sqrt{2}=\frac{b}{a}=\frac{2m}{2n}$$

이것은 a와 b는 서로소(약분할 수 없는 수)라는 최초의 전제조건에 반한다. 따라서 $\sqrt{2}$는 분수로 나타낼 수 없다, 즉 유리수가 아니라 무리수인 것을 알 수 있다.

무리수 $\sqrt{2}$는 $\frac{1}{2}$제곱?

$\sqrt{2}$는 제곱하면 2가 되는 수이다. $\sqrt{5}$는 제곱하면 5가 되는 수이다. 또한 $\sqrt{16}$은

$$\sqrt{16}=\sqrt{4^2}=4$$

이므로 4이다.

그런데 제곱해서 어느 수가 되는 것이므로 무리수 $\sqrt{2}$를 예로 들어 생각하면,

$$(\sqrt{2})^2=2$$

거듭제곱의 형태로 생각하면,

$$(2^x)^2=2$$

가 된다. 좌변은 '2의 몇 제곱인가'를 나타내는 식이고 우변은 2이므로 좌변은 2의 1제곱이라고 예측할 수 있다. 즉,

$$(2^x)^2=2^1 \qquad \cdots ❶$$

이다. 여기서,

일반적으로 $(x^m)^n=x^{m\times n}$

이므로 방금 전 ❶의 거듭제곱 부분을 보면,

$$x\times2=1 \quad \therefore x=\frac{1}{2}$$

인 걸 알 수 있다.

유미: 마지막에 알 수 있다고 적혀 있지만 결국 무엇을 알았다는 거죠?
지호: 요약하면 $\sqrt{x}$의 모양은 거듭제곱의 형태로 고치면 $x^{\frac{1}{2}}$가 된다는 거지. 마찬가지로 생각하면 3제곱하면 27이 돼. $\sqrt[3]{27}$은 $27^{\frac{1}{3}}$이라고 할 수 있어. $\sqrt[2]{x}$는 제곱근, $\sqrt[3]{x}$는 세제곱근이라고 하지.
유미: 그렇다는 얘기는 n제곱하면 x가 되는 무리수는 $\sqrt[n]{x}=x^{\frac{1}{n}}$이라는 얘기이고, n제곱이라고 부른다는 거네요.

제곱근의 계산?

제곱근의 대략적인 수는,

$\sqrt{2}=1.41421356$

$\sqrt{3}=1.7320508$

인데, 손으로도 계산할 수 있다.

아래의 예는 $\sqrt{5}=2.2360679\cdots$의 중간까지를 계산한 것이다. 컴퓨터를 사용하지 않아도 제곱근을 산출할 수 있다는 것을 알아두면 시험을 볼 때도 도움이 된다. 기억해두면 손해 볼 일은 없다.

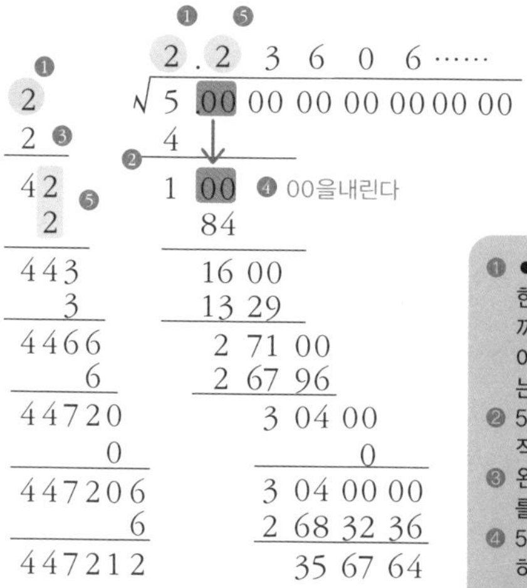

```
                  ❶  ❺
      ❶          2 . 2  3  6  0  6 ……
  2             √5 .00 00 00 00 00 00 00
  2 ❸             4  ↓
 ─────          ❷───────
  42  ❺           1 00  ❹ 00을내린다
   2                84
 ─────           ────────
  443              16 00
    3              13 29
 ─────           ────────
  4466              2 71 00
     6              2 67 96
 ──────          ──────────
  44720               3 04 00
      0                     0
 ───────          ────────────
  447206              3 04 00 00
       6              2 68 32 36
 ───────          ────────────
  447212                35 67 64
```

❶ ●×●≦5가 되는 수를 생각한다. 여기서는 2×2=4가 가까우므로 5의 위에 2, 5의 아래에 4, 왼쪽에도 2를 적는다.
❷ 5−4=1이므로 1을 4 아래에 적는다.
❸ 왼쪽 2의 아래에 같은 숫자 2를 적는다(합계 4가 된다)
❹ 5의 옆에 00이 있는 것으로 하고 그 00을 아래로 내려서 100으로 한다.
❺ 다음으로 '4●×●'≦100이 되는 수를 생각한다. 여기서는 42×2=84가 가장 가깝다.(이하 마찬가지로 계산한다)

rad
라디안(호도)

수직은 ⊥ 기호로 나타내고 직각은 ∟ 기호로 나타내는데, 수직과 직각의 차이는 애매해서 혼동하기 쉽다.

수직이란 두 개의 직선이 직각으로 교차하는 것을 말한다. 즉 두 개의 직선(또는 선분)이 없으면 안 된다. 이에 대해 **직각이란 세 개의 정점으로 생긴 90°의 직각**을 말한다.

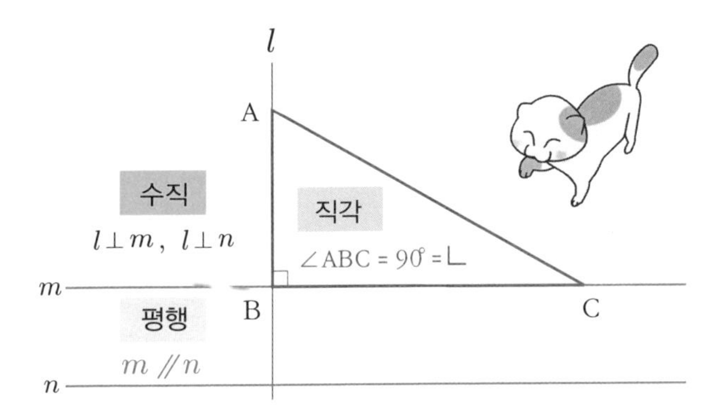

그러면 **왜 직각은 90°일까**? 만약 원을 100등분했다면 직각은 25°가 돼야 하는데, 실제로는 360°의 $\frac{1}{4}$인 90°가 직각이 됐다. 그러면 왜 360°일까?

일설에는 지구의 1년이 거의 360일이므로 1일=1도로 360도로 했다고 한다. 이게 사실이라면 지구인은 납득해도 다른 행성에서 온 우주인들에게는 통하지 않는 얘기다.

'어? 원은 우주 공통의 도형이야. 그런데 지구의 공전이 360일에 가깝다고 해서 너희들은 원의 각도를 360°로 한 거야? 실제로는 365일이라는 거 알고 있었지? 그렇다면 왜 365°로 하지 않은 거야?'

라는 말을 들을 것이다.

360이라는 숫자의 이점을 들자면 100보다 약수가 많은 점이라고 할 수 있다. 가령 10까지의 약수로 비교하면,

- 100의 약수 … 1, 2, 4, 5, 10(5개)
- 360의 약수 … 1, 2, 3, 4, 5, 6, 8, 9, 10(9개)

무려 360°의 경우 1~10 가운데 7을 제외한 모든 수가 약수가 된다. 이것은 일상생활에서 도움 된다.

케이크나 피자와 같은 큰 원형의 음식을 세 명, 네 명, 다섯 명, 여덟 명, 아홉 명이 나눈다고 할 때, 대부분의 경우 360°라면 싸우지 않고 나눌 수 있는 수이다. 정말로 편리하다.

원=360°라면 나누기 쉽다.

✓ 라디안의 탄생

유미: 360°라면 많은 약수가 있어서 실용적이고 편리하다는 걸 알 수 있어요. 하지만 약수가 많은 수는 이외에도 있기 때문에 지구인뿐 아니라 '이게 아니면 안 된다'는 식으로 우주 전체에서 통하는 원의 각도란 존재하지 않는 거네요.

지호: **우주 전체에서 통하는 원의 각도를 표기하는 방법**?을 생각할 수 있지 않을까. 나는 그것이 라디안(rad)이라고 생각해. 가령 반지름 1인 원(원단위라고 한다)이 있고 그 중심각이 45°일 때 원호의 길이 a와, 중심각이 90°일 때 원호의 길이 b를 비교해볼까.

각도의 크기에서 생각하는 것이 도수법

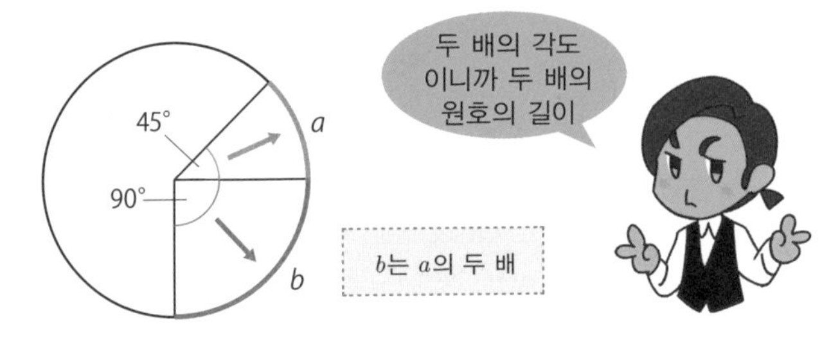

원호의 길이에서 각도를 생각하는 것이 라디안법

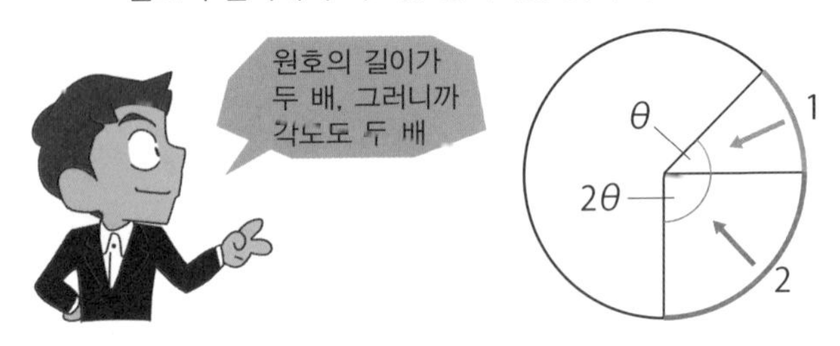

유미: 그거 간단하네. b는 a의 길이의 두 배네. 원호의 길이는 중심각의 크기에 비례하니까.

지호: 맞아. 반대로 말하면 **각도의 크기는 원호의 길이에 비례한다**고 할 수 있지.

그렇다. 그러면 어떤 기준, 가령 반지름의 길이를 1로 해서 원호의 길이가 1일 때의 각도를 1라디안(1rad)으로 한다. 이 라디안을 호도법이라고 하고 기존의 "°"로 표시하는 방법을 **도수법**이라 부르기도 한다.

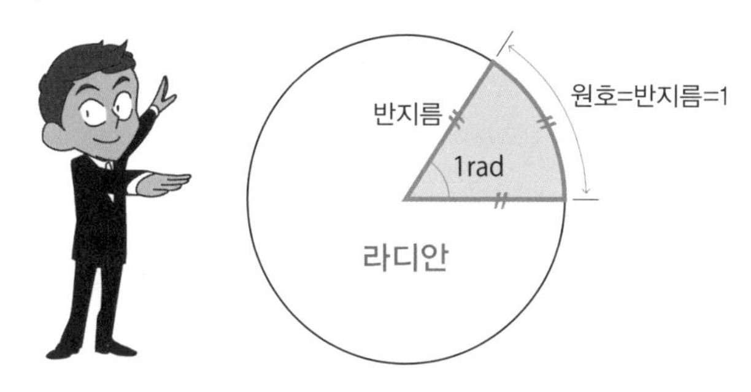

라디안과 도(°)를 환산하면 원주는 $2\pi r$. 만약 반지름이 $1(=r)$이라면 원주는 2π이다. 이때 호도법에서는 각도는 2πrad이다. 이것이 360°로 일치하기 때문에 $2\pi \text{rad}=360°$. 따라서,

$$1° = \frac{2\pi}{360} = \frac{\pi}{180}\text{(rad)}.$$

호도법은 미분에 도움이 된다!

각도는 "°"면 충분하다, rad 같은 거 필요 없다고 생각할 수도 있지만 사용하고 있는 이상 의미가 있다. 보통의 도형에서는 "°"로도 상관없지만 삼각함수를 미분할 때 다음과 같이 매우 간단하게 나타낼 수 있다.

도수법($x°$)에서의 미분 $\quad (\sin x°)' = \dfrac{\pi}{180}\cos x°$

호도법(x라디안)에서의 미분 $\quad (\sin x)' = \cos x$

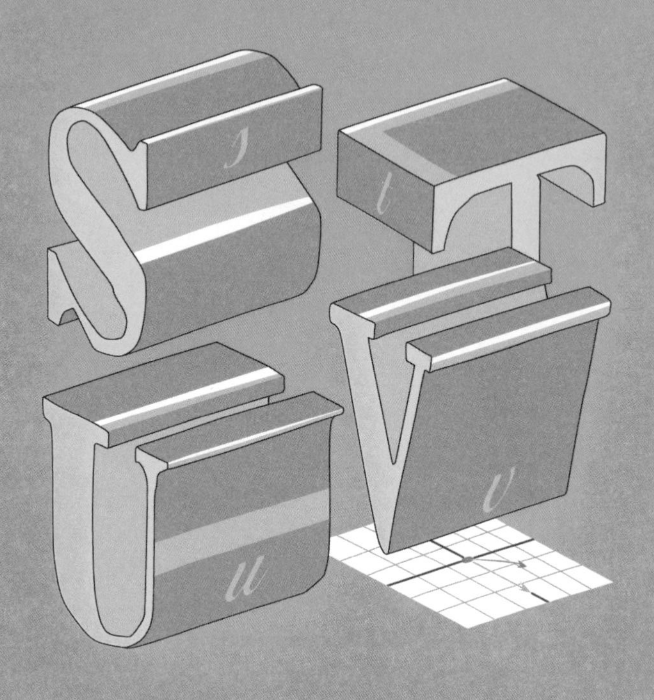

S, s는 그리스 문자인 Σ, σ(시그마)에서 유래하는 기호이다. Σ 기호는 간략하게 하면 C에 가까운 형태가 되는데, 이것을 초승달 모양의 시그마라고 불렀던 것 같다.

S는 세로로 길게 늘여서 ∫(적분 기호) 또는 Σ나 σ를 사용해서 총합 기호(Σ)와 표준편차(σ)로 사용하는 등 수학 기호로 많이 이용되고 있다. 표계산 소프트웨어인 엑셀에서는 Σ의 모양을 그대로 아이콘으로 이용하고 있다.

T, t는 그리스 문자의 T, τ(타우)에서, Y, y, V, v는 그리스 문자의 Y, υ(윱실론)에서 유래한다. 한편 W, w, Y, y도 윱실론에서 유래했다.

sine, cosine, tangent

sin, cos, tan

사인/코사인/탄젠트(삼각비, 삼각함수)

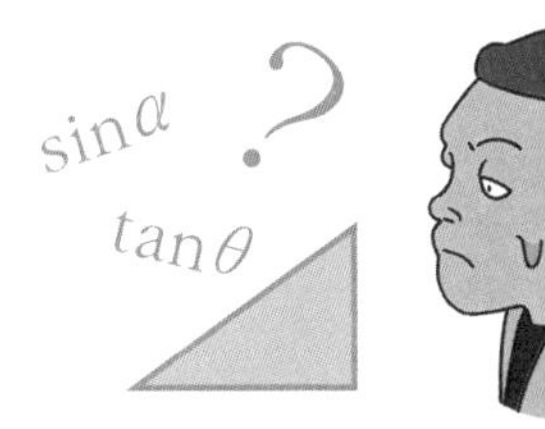

삼각비? 삼각함수?

sin, cos, tan는 고등학교 1학년의 수학 Ⅰ까지는 삼각비라는 이름으로 소개된다.

그것이 수학 Ⅱ가 되면 똑같은 sin, cos, tan가 삼각함수라는 이름으로 바뀐다. 구체적인 삼각형을 토대로 한 삼각비가 조금 추상적인 함수라고 불리면서, 왠지 어렵게 느껴져서 기피한 독자도 많을지 모르겠다.

그러면 삼각비와 삼각함수의 차이는 무엇일까? 우선 삼각비에서의 $\sin\theta$, $\cos\theta$, $\tan\theta$을 생각해보자.

아래와 같이 직각삼각형 ABC가 있고 빗변을 b로 하면 $\sin\theta$, $\cos\theta$, $\tan\theta$는 각각 다음과 같이 정해져 있다(정의).

$$\sin\theta = \frac{\text{높이}}{\text{빗변}} = \frac{a}{b},\quad \cos\theta = \frac{\text{밑변}}{\text{빗변}} = \frac{c}{b},\quad \tan\theta = \frac{\text{높이}}{\text{밑변}} = \frac{a}{c}$$

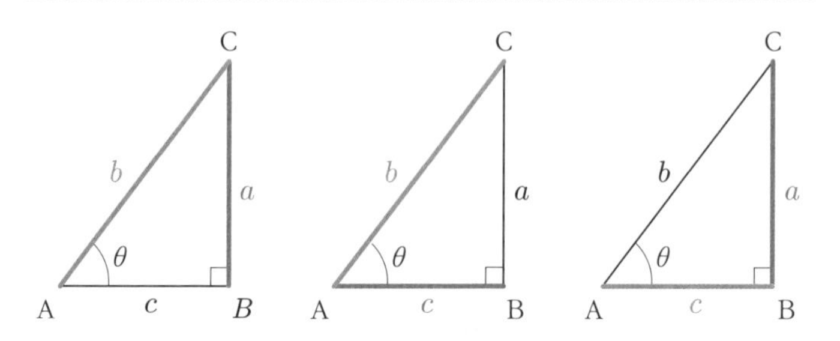

유미: 어머, 직각삼각형을 전제로 sinθ와 cosθ가 정해져 있다니. 그래서 삼각비라고 말하는 거예요.

지호: 그 삼각비를 함수로 한 것이 삼각함수지.

유미: 굳이 함수라고 부르는 이유는 나중에 듣기로 하고, sin, cos, tan를 따로따로 기억하는 것은 엄청 번거로워요. 마사오카 시키가 시험 전날 밤에 술을 마신 기분 알겠어요.

지호: 세 개를 따로따로 기억하려고 하기 때문에 싫어지는 거야. sin만 기억하면 나머지는 유추할 수 있는데 말이야. 우선 sinθ와 cosθ의 값은 1 이하가 되는 거 알지?

유미: sin도 cos도 빗변에 대한 비죠. 빗변은 가장 긴 변이니까 비는 1보다 작다는 얘기고요.

지호: sin$\theta \leqq 1$이나 cos$\theta \leqq 1$이라고 표기하는 것은 그 때문이야. 최대 1. sin과 cos은 비슷하기 때문에 sinθ만 기억하면 돼. 우선 sinθ도 cosθ도 분모는 빗변으로 공통이야. sinθ가 분자에 높이를 사용한다면 cosθ에 남아 있는 것은 밑변밖에 없지, 그치?

그리고 tanθ는 의미에서 유추하면 돼. tanθ는 θ의 경사의 기울기이므로 $\frac{\text{높이}}{\text{밑변}}$가 되겠지.

$$\tan\theta = \frac{\text{높이}}{\text{밑변}} = \frac{a}{c} = \frac{\frac{a}{b}}{\frac{c}{b}} = \frac{\sin\theta}{\cos\theta}$$

삼각비를 사용하면 더 많은 걸 알 수 있다!

다음 그림은 에도 시대의 산술서 〈진겁기塵劫記〉 중의 한 장이다. 여기서 왼쪽 끝의 남자는 무엇을 하고 있는가 하면, 화장지를 삼각으로 접고, 그 빗변을 눈에서부터 나무 꼭대기에 맞췄다. 이렇게 해서

나무의 높이=나무까지의 거리(a)+눈까지의 높이(b)

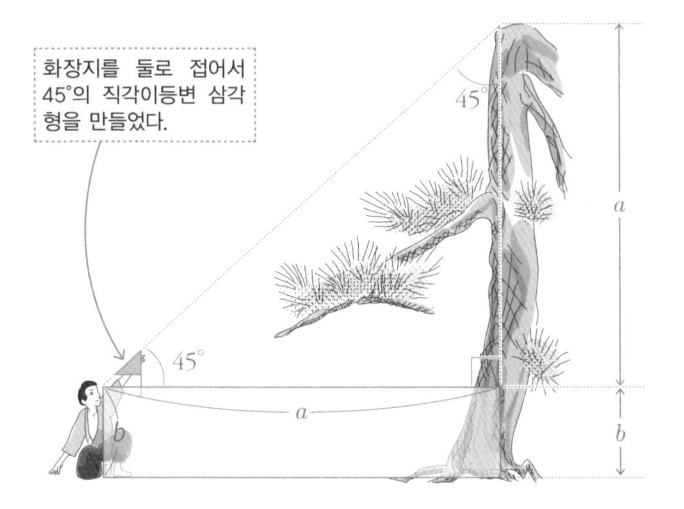

를 측정했다.

큰 삼각형과 작은 삼각형(화장지)을 이용한 (닮음, ∽)라는 아이디어이다. 이 경우는 45°라는 특수한 직각삼각형이었기 때문에 잘 됐다.

하지만 아래 그림과 같은 경우는 어떨까. 밑변은 산 바로 아래

까지의 거리이므로 측정할 수 없다. 지도상에서 10km로 계측했다고 해도 45°와 같은 특수한 각도가 된다고는 할 수 없다.

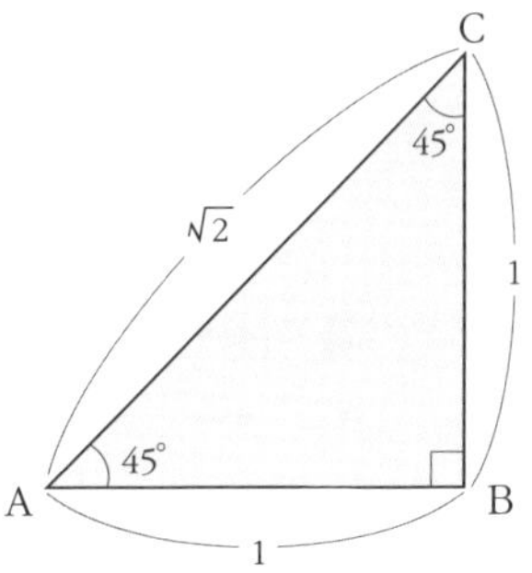

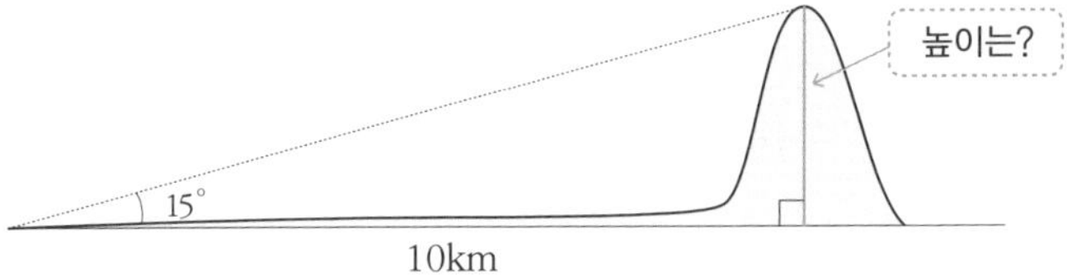

그러나 앞 그림과 같이 15°라는 각도와 지도에서 계측한 10km를 알고 있으면 산의 높이는 아래의 삼각비 표를 이용해서,

tan15°=산의 높이÷10km=0.26795

따라서 산의 높이=0.26795×10km=2679m인 것을 알 수 있다.

	A	B	C	D	E
1	각도(도)	도(라디안)	sin의 값	cos의 값	tan의 값
2	10	0.17453	0.17365	0.98481	0.17633
3	11	0.19199	0.19081	0.98163	0.19438
4	12	0.20944	0.20791	0.97815	0.21256
5	13	0.22689	0.22495	0.97437	0.23087
6	14	0.24435	0.24192	0.97030	0.24933
7	15	0.26180	0.25882	0.96593	0.26795
8	16	0.27925	0.27564	0.96126	0.28675

유미: 삼각비 표는 어디서 갖고 왔어요?

지호: 엑셀로 만들면 돼. 엑셀은 각도에 도수(°)가 아니라 라디안을 사용하므

로 한 번 '도 → 라디안'으로 변환하고 다시 tan를 구했어.

$\sin\theta$의 제곱은 $\sin^2\theta$? $\sin\theta^2$? $(\sin\theta)^2$?

함수의 경우 보통은 $f(\theta)$와 같이 θ를 ( )로 싸서 기술한다. 그런데 sin이나 cos에서는 조금 번잡하므로 ( )를 생략하는 것이 일반적이다.

또한 $\sin\theta$를 제곱(누승, 멱승)한 경우 이것도 보통이라면 $(\sin\theta)^2$라고 적지만 ( )로 sin을 둘러싸는 것은 번거롭다. 그래서 $\sin\theta^2$라고 적으면 이번에는 '각도 θ의 제곱'이라고 착각할 가능성도 있다. 그래서 sin, cos, tan의 경우는 $\sin^2\theta$와 같이 sin과 θ 사이에 ^{2}를 기재한다. 간편하고 오해를 피하기 위한 방법이다.

왜 삼각비에서 삼각함수로 확장됐을까?

삼각비와 삼각함수의 기호(sin, cos, tan)는 같은데 삼각비를 삼각함수라고 바꿔 부르는 것은 어째서인지 신경 쓰인다.

삼각비는 구체적인 θ의 값에 대해 $\sin\theta$, $\cos\theta$, $\tan\theta$ 등을 정하고 도형에 응용한다. 이른바 변의 비이다.

한편 삼각함수는 각도 θ를 변화시켰을 때 θ의 값에 따라서 $\sin\theta$, $\cos\theta$, $\tan\theta$가 어떤 값을 취하는가(θ와 $\sin\theta$와의 대응 등)를 그래프로 나타낸 것이다.

아래 그림은 $\sin\theta$의 예이다. 왼쪽 끝의 단위원을 보면 점 P가 원주상을 A, B, C…L, A(일주했다)와 같이 움직일 때 각도 θ는,

$$0° \rightarrow 30° \rightarrow 60° \rightarrow \cdots\ 330° \rightarrow 360°$$

과 같이 움직인다. 이때 $\sin\theta$의 값은 $\sin\theta$=(높이÷빗변)이지만 빗변은 1(단위원으로 반지름 1이기 때문에)이다. 따라서 $\sin\theta$=

(높이÷1)=높이가 되어 **높이는 점 P의 y좌표의 값**이다. 따라서 $\sin\theta = y$.

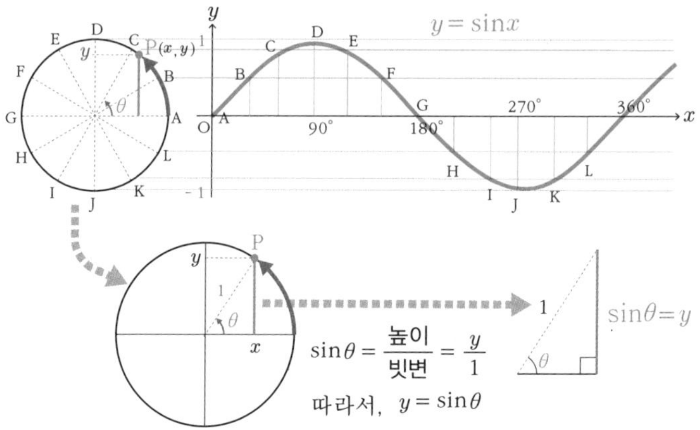

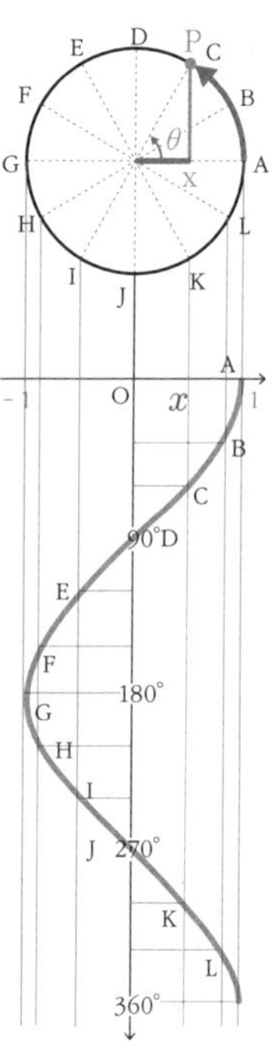

0°~180°를 보면 $\sin\theta$는,

A B C D E F G

$$0 \Rightarrow \frac{1}{2} \Rightarrow \frac{\sqrt{3}}{2} \Rightarrow 1 \Rightarrow \frac{\sqrt{3}}{2} \Rightarrow \frac{1}{2} \Rightarrow 0$$

으로 변화하고 항상 양의 값이지만 180°~360°를 보면 단위원의 아래를 지나기 때문에 $\sin\theta$의 값은,

G H I J K L A

$$0 \Rightarrow -\frac{1}{2} \Rightarrow -\frac{\sqrt{3}}{2} \Rightarrow -1 \Rightarrow -\frac{\sqrt{3}}{2} \Rightarrow -\frac{1}{2} \Rightarrow 0$$

으로 음의 값을 취한다. 360°의 회전을 마치면 그 후에는 반복 운동한다. 만약 750° 회전한 경우는,

$$\sin 750° = \sin(750 - 360 \times 2)° = \sin 30° = \frac{1}{2}$$

이다. 이처럼 삼각비의 세계를 확장한 것이 삼각함수이다.

오른쪽 그림에 $\cos\theta$의 예를 나타냈다.

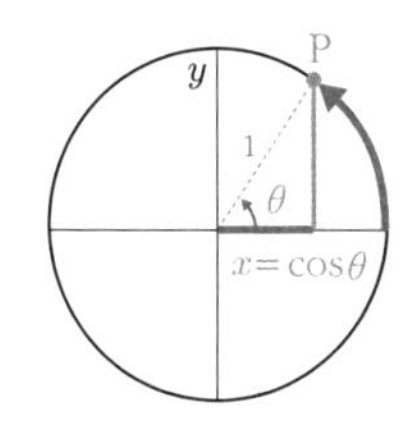

$$\cos\theta = \frac{\text{밑변}}{\text{빗변}} = \frac{x}{1} = x$$

따라서, $x = \cos\theta$

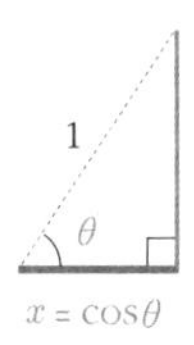

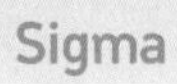

Σ 시그마(총합)

s는 sum(모든 합=총합)의 약자로 사용되는 일이 있다. 엑셀에서 '여기부터 여기까지'라고 지정할 때, 가령 셀 a_1~셀 a_6까지의 합을 구한다면 sum이라는 함수를 사용해서 =sum(a_1 : a_6)이라고 한다.

숫자에서 총합의 의미를 나타낼 때는 Σ(시그마)를 사용한다. Σ는 그리스 문자 S의 대문자에 해당하는 문자이다(소문자는 σ=시그마). 예를 들면,

$$1+2+3+4+5+6+7+8+9+10$$

을 계산할 때 전부 적은 것은 번거롭다. 1~10 정도라면 그렇다 해도, 100 또는 1000까지라면 모든 수를 적는 것은 어렵다. 물론,

$$1+2+3+\cdots 999+1000$$

과 같이 …를 사용해서 생략하는 방법도 있다. 이른바 중략이다. 이것을 좀 더 깔끔하게 한 것이 Σ(시그마)를 사용한 다음의 형태이다(예는 1~10의 가산 예).

$$\sum_{k=1}^{10} k=1+2+3+4+5+6+7+8+9+10$$

초등학교에서 산수를 싫어한 계기가 된 것은 분수의 나눗셈이라고들 하는데 고등학교에서 수학이 싫어지는 이유 중 하나가 바로 Σ가 아닐까 생각한다. 친숙해지기 어려운 기호이니까 말이다.

Σ는 딱딱한 기호이지만 '모두 더해줘!'라는 의미에 지나지 않는다. 어떻게 더하는가 하면 Σ의 오른쪽이 식이고, 여기서는 'k' 한 글자이다. k가 알기 어려우면 자주 사용하는 x라고 생각해도 상관없다.

$$\sum_{k=1}^{10} k$$

❶ Σ의 위아래를 본다 … Σ 기호 아래에 k=1이라고 돼 있고 위에 10이라고 적혀 있다. 이것은 k에 1을 넣고 다음으로 k에 2, 다음으로 k에 3…, 마지막으로 k에 10을 넣으라는 얘기이다.

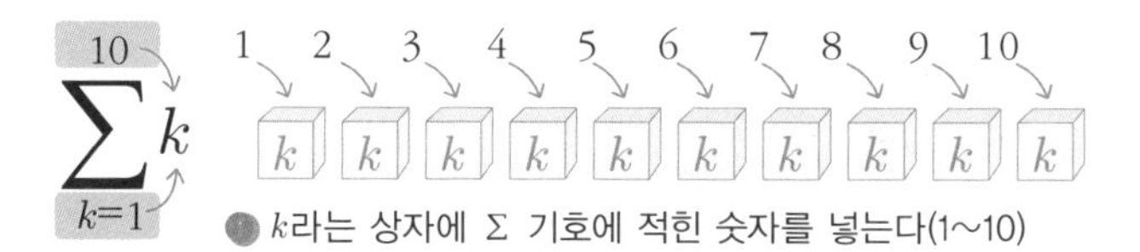

❷ Σ란? … Σ란 총합이라는 의미를 나타내는 기호이기 때문에 ❶에 넣은 수를 모두 더하라는 얘기이다.

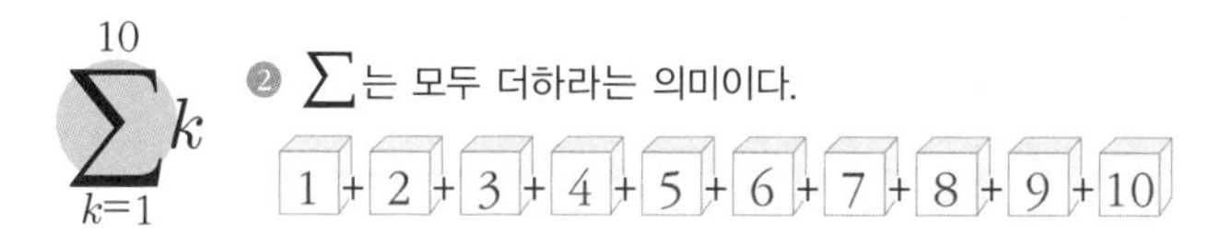

이므로,

$$1+2+3+\cdots+10=55$$

만약, 1~1000을 더할 때는,

$$\sum_{k=1}^{1000} k$$

라고 적으면 만국 공통의 의미를 갖게 된다.

sigma

σ, σ^2 시그마(표준편차) / 시그마 제곱(분산)

118쪽에서 조금 언급했는데 σ(시그마) 기호는 통계학에서는 **표준편차**의 의미를 갖는다. 이것을 제곱한 σ^2가 **분산**이다. 표준편차, 분산이란 무엇인가, 왜 필요한가, 어떻게 다른가를 생각해보자.

데이터를 많이 수집하면 그 데이터는 여러 가지 분포를 그린다. 그중에서도 키는 **정규분포**라 불리는 유명한 분포곡선을 이룬다는 것은 이미 알고 있다.

정규분포란 아래 그림과 같은 분포를 말한다. 키를 예로 들면 많은 사람의 데이터를 수집했을 때 가운데 부근의 데이터가 가장 많고(평균값, 가령 170cm) 그보다 키가 커짐에(또는 작아짐에) 따라서 인원이 줄어드는 모양이다. 정규분포는 균형 잡힌 산 모양의 곡선을 그리며 통계학에서는 자주 사용한다.

이처럼 정규분포 모양을 정하는 것이 σ, 즉 표준편차이다.

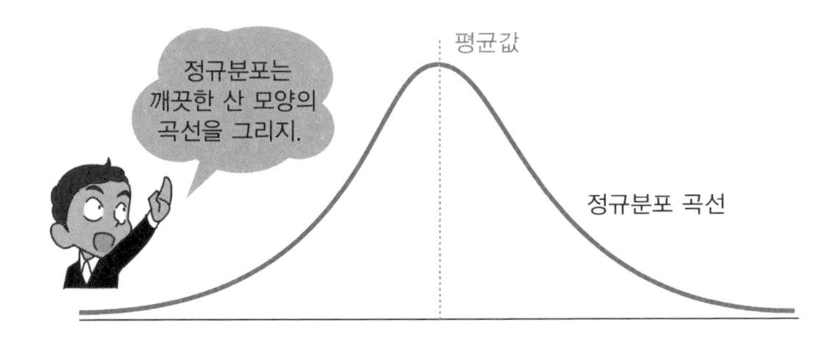

유미: 데이터의 성질을 본다면 평균값으로 충분하지 않을까요? 데이터 전체를 대표하는 값이니까.

지호: 그럴까? 가령 다음의 세 가지 시험 결과는 모두 평균 50점이지. 하지만 분포를 보면 제각각이야. 이것만 보고서는 **평균값만으로는 데이터 전체의 분포 상태를 알 수 없어**.

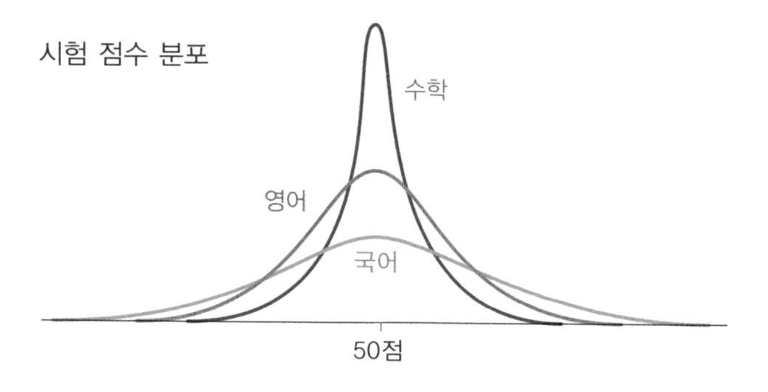

유미: 정말이네요. 점수의 편차 정도를 조사하는 방법이 필요하네요.

지호: 맞아. 평균값과 편차 정도를 나타내는 지수가 필요한 거지.

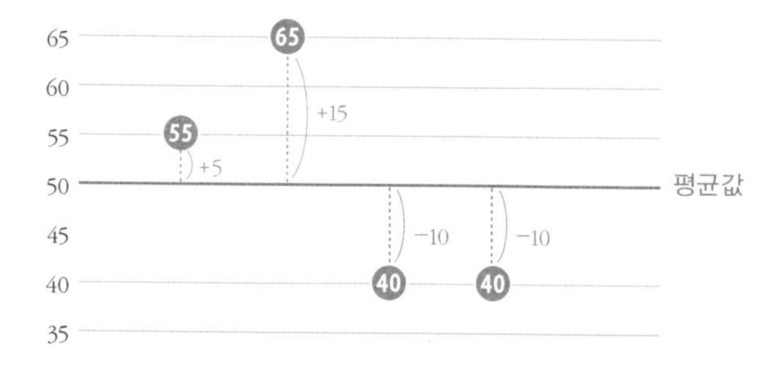

위의 그래프라면 평균값은 50. 편차를 어떻게 하면 알 수 있을까?

유미: 그거라면 평균값보다 위 부분, 아래 부분을 각각 추가해서 데이터 수로 나누면 편차 정도를 숫자로 나타낼 수 있지 않을까요? 위의 부분은 전부 +20, 아래 부분은 -20. 어? 20+(−20)=0이니 0이 돼 버렸어요.

지호: 맞아. (각 데이터의 평균값)에서 편차 정도를 알 수 있을 것 같지만

평균값은 원래 전체 데이터의 제일 높은 곳과 낮은 곳에서 산출한 것이므로 평균값과의 차이를 전부 합산하면 0이 되는 것은 당연하지.

유미: 그럼 곤란하네요. 어떻게 하면 될까요? 이것 말고 거리의 대소를 알 수 있는 방법은 없을까요?

지호: 거리의 대소를 알고 싶은 거니까 평균값과 각 데이터의 차이를 제곱하면 반드시 플러스가 되어 총합이 상쇄되는 일은 없지.

유미: 그럼, 제가 해볼게요. 각 데이터에서 평균값을 빼고 데이터 수로 나누면 되는 거네요.

$$\frac{(\text{데이터}❶-\text{평균값})^2+(\text{데이터}❷-\text{평균값})^2+\cdots+(\text{데이터}ⓝ-\text{평균값})^2}{n}$$

이 되어 이 시험의 경우 다음과 같이 계산할 수 있다.

$$\frac{(55-50)^2+(65-50)^2+(40-50)^2+(40-50)^2}{4}=112.5$$

지호: 편차 정도를 계산했네. 이것이 분산이지만 평균값과의 차이가 각각 5, 15, 10, 10으로 10 정도인데 편차 정도가 112.5라니 좀 크지 않을까. 그리고 이건 키 얘기였으니 제곱했기 때문에 $112.5cm^2$라는 것으로 **키가 면적으로 바뀌었다는 거지. 단위가 틀렸어.**

유미: 그렇네요. 자, 제곱한 거니까 그 제곱근을 취하면 원래대로 돌아가는 거 아닌가요?

112.5=10.6이니까 10.6이네요. 단위도 같고! 좋네요.

지호: 그것이 표준편차야. 정규분포 그래프상에서 평균값과 표준편차의 관계를 보면 재미있는 것을 알 수 있지.

평균값에서 표준편차(플러스 방향, 마이너스 방향)의 폭에는 전체 데이터의 약 68%가 들어가는 것을 알 수 있다. 더욱이 표준편차의 크기가 다르면 당연히 정규분포의 모양도 달라지지만 데이터의 약 68%가 그 범위 안에 들어가는 것은 변함이 없다. 그뿐만이 아니다. 게다가,

평균값에서 ±2배의 표준편차의 범위에는 약 95%

평균값에서 ±3배의 표준편차의 범위에는 약 99.7%

의 데이터가 들어간다. 통계학에서는 이 성질(특히 약 95%)을 이용해서 각종 판단을 한다.

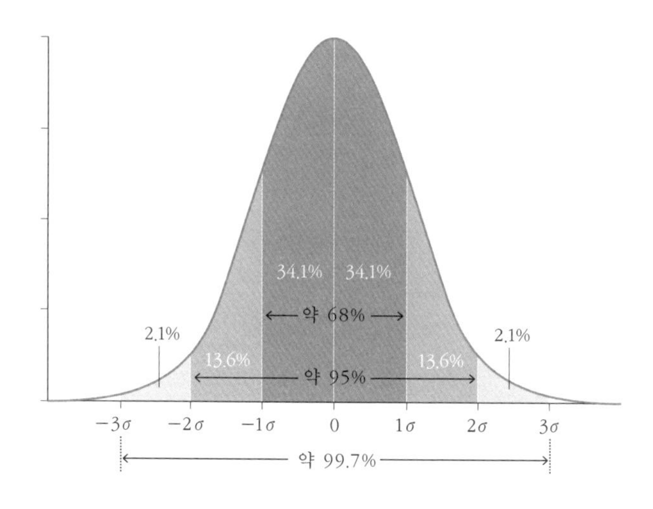

Column

분산 기호는 σ^2, s^2, u^2 ?

앞 페이지에서 분산(또는 표준편차)의 개요를 설명했는데, 사실 **분산에는 세 종류**가 있다.

예를 들어 고등학교 3학년 남자 전원의 키를 전수조사했을 때 그 평균값을 **모평균**(μ), 그때의 분산을 **모분산**이라고 하며 σ^2로 나타낸다.

하지만 보통은 **샘플 조사**를 한다. 샘플에서 얻은 평균값을 **표본평균**, 샘플에서 얻은 분산을 **표본분산**이라고 하며 표분분산은 기호 s^2로 나타낸다.

그러나 정말로 알고 싶은 것은 샘플 정보가 아니라 모집단의 정보(모평균, 모분산)이다. 그래서 샘플의 표본평균과 표본분산에서 모집단의 모평균, 모분산을 추측한다. 이때 표분분산은 샘플이 n(명)이면 n명으로 나눈 값이며 실제(모집단의 분산)보다 조금 작은 것으로 알려져 있다. 그래서 샘플 수n(명)로 나누지 않고 ($n-1$)로 나누어 분산을 구하며 기호 u^2로 나타낸다. 통계학에서 모집단의 모분산을 추정할 때는 이 값을 분산으로 사용한다.

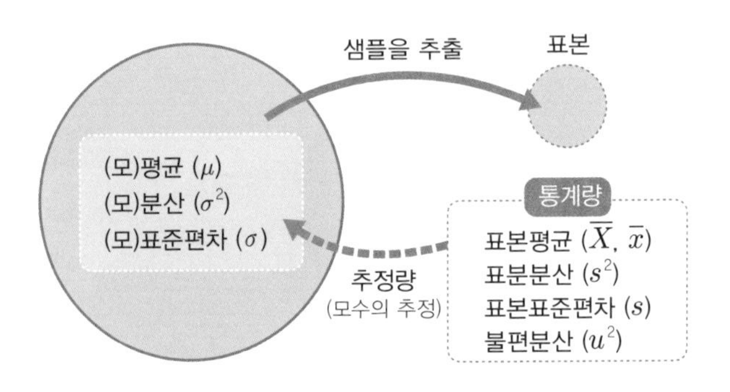

vektor, vector

$\vec{a}$, $\overrightarrow{\mathbf{AB}}$, $\boldsymbol{a}$, **AB**

벡터 에이(벡터)…

−2, 0, 3과 같은 수는 모두 크기만을 갖고 있다. 이것을 스칼라(스칼라 양, scalar)라고 부른다. 스칼라는 보통의 양(수)을 말한다.

이에 대해 **크기와 방향을 합친 양**을 벡터(vector)라고 한다. 벡터는 스칼라와 구별하기 위해 일반적으로 다음과 같은 방법으로 표기한다(어느 쪽이든 상관없다).

화살표로 표기 … $\vec{a}$, $\vec{b}$, $\overrightarrow{\mathrm{AR}}$

볼드체로 표기 … $\boldsymbol{a}$, $\boldsymbol{b}$, **AB**

칠판 등에 볼드체로 적는 것은 번거로우므로 화살표 벡터로 적는 경우가 많다. 벡터의 어원은 '나르다' 또는 '여행'의 의미를 가진 라틴어 vehere(베헤레)이고 그 후 독일어 vektor(벡토르)와 영어 vector(벡터)로 전환된 것 같다.

벡터는 방향이라는 특별한 의미를 갖고 있기 때문인지, 일상 속에서도 '프로젝트가 나아가야 할 벡터가 정해지지 않았다' 내지 '팀의 벡터가 일치해서 잘 됐다'와 같은 식으로 사용된다.

벡터는 매우 재미있는 성질을 갖고 있다. 다음 페이지의 그림을 보기 바란다. 세 개의 벡터가 놓여 있는 위치는 제각각이지만 벡터로서는 모두 같다(크기, 방향).

즉, $\overrightarrow{\mathrm{AB}}=\overrightarrow{\mathrm{CD}}=\overrightarrow{\mathrm{EF}}$이다.

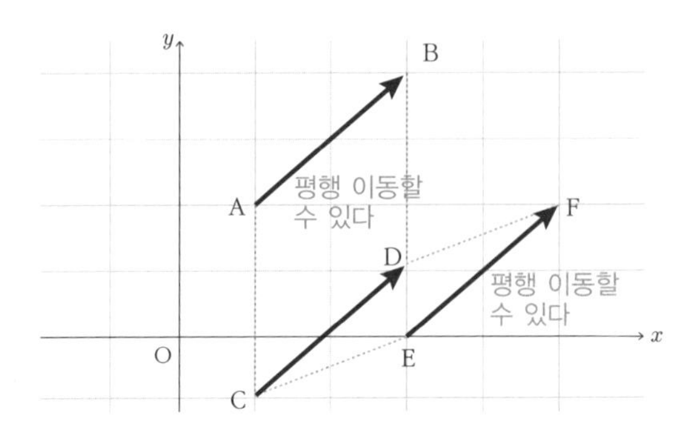

결국 벡터는 **위치를 문제 삼지 않으므로** 평행 이동해서 겹친다면 같은 벡터로 본다.

벡터의 덧셈은 강의 흐름 방향(과 크기), 보트가 노를 젓는 방향(과 크기)이며 최종적으로 보트가 진행하는 방향을 정할 때 효과적이다. 아래의 경우는 강가로 곧장 가려고 하지만 ($\vec{a}$), 강의 흐름($\vec{b}$)에 의해서 배는 조금 떠밀리는($\vec{c}$) 것을 의미한다. 벡터로 적으면,

$$\vec{a}+\vec{b}=\vec{c}$$

가 되고, 이것이 벡터의 합의 계산이다.

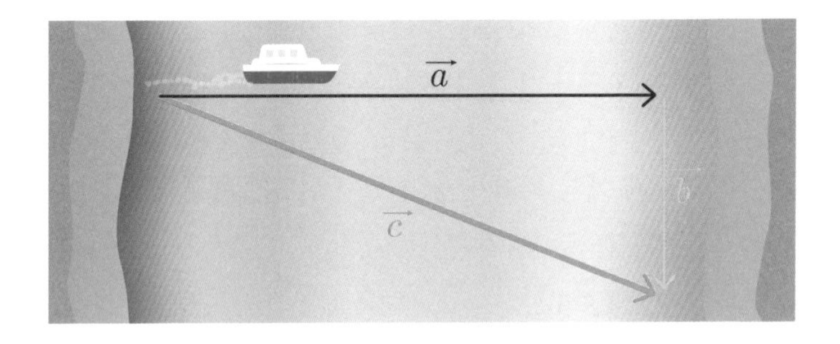

$\vec{a} \cdot \vec{b}$

벡터에이와 벡터비의 내적(내적)

두 벡터 사이에 기호 '·'를 사용해서 나타내는

$\vec{a} \cdot \vec{b}$

가 있다. 이것이 벡터의 내적 기호이다. 보통의 수(스칼라)끼리의 곱셈이라면

$a \times b \quad a \cdot b \quad ab$ … (같은 의미)

는 어느 기호든 곱셈이라는 같은 의미를 갖는다. 하지만 벡터의 내적에 관해서는 다르다, 즉,

$\vec{a} \cdot \vec{b}$ … ○

는 벡터의 내적을 나타내는 기호이지만 이 '·'를 스칼라(크기밖에 갖지 않는 수)의 계산과 같이 '×'로 바꾸거나 생략하는 것은 허용되지 않는다.

$\vec{a}\,\vec{b}$ … (기호로 인정되지 않는다!)
$\vec{a} \times \vec{b}$ … 공간 벡터에서는 다른 의미가 있다(외적이라고 한다)

벡터의 내적이란 두 벡터의 크기(절댓값)와 그것이 이루는 각 θ의 곱셈을 말한다. 크기만이므로 그 결과는 벡터가 아니라 스칼라가 된다.

벡터의 내적 $\vec{a} \cdot \vec{b} = |\vec{a}||\vec{b}|\cos\theta$ … ❶

이것을 그림으로 살펴보자. 지금 각 θ는 $\vec{a}$, $\vec{b}$의 시점을 원점에 뒀을(시점을 일치시킨) 때 생기는 각도이다.

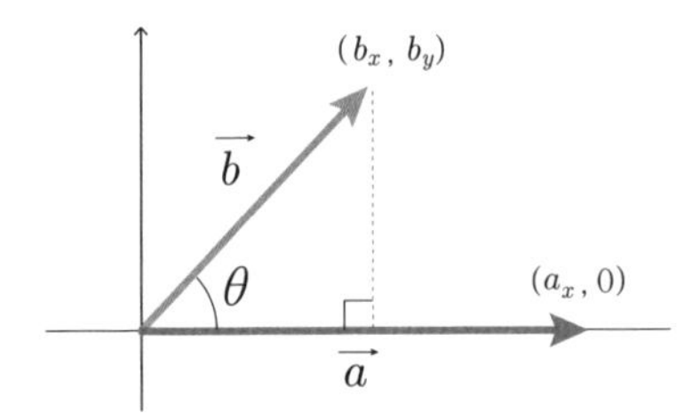

여기서 식 ❶의 뒤에 있는 $|\vec{b}|\cos\theta$라는 것은 $\vec{b}$의 x성분인 b_x에 해당하기 때문에 $|\vec{b}|\cos\theta=b_x$이다.

$|\vec{b}|$ b_y θ b_x

$\cos\theta=\dfrac{b_x}{|\vec{b}|}$ 이므로,

$$|\vec{b}|\cos\theta=|\vec{b}|\cdot\frac{b_x}{|\vec{b}|}=b_x$$

즉, $|\vec{b}|\cos\theta$는 $\vec{b}$의 길이(절댓값이므로)를 <u>**x축으로 투영한 것**</u>이라고 생각할 수 있다.

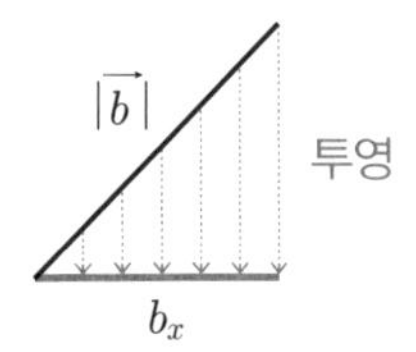

벡터의 내적은 $\vec{a}=(a_1,\ a_2)$, $\vec{b}=(b_1,\ b_2)$로 성분 표시했을 때,

$$\vec{a}\cdot\vec{b}=a_1b_1+a_2b_2 \qquad \cdots❷$$

로 나타낼 수도 있다. 따라서 식 ❶과 식 ❷에서

$$\cos\theta = \frac{\vec{a}\cdot\vec{b}}{|\vec{a}||\vec{b}|} = \frac{a_1b_1+a_2b_2}{\sqrt{a_1^2+a_2^2}\sqrt{b_1^2+b_2^2}} \quad \cdots ③$$

예를 들어 $\vec{a}=(3, 3)$, $\vec{b}=(0, 3)$일 때 식 ③에서,

$$\cos\theta = \frac{3\times0+3\times3}{\sqrt{3^2+3^2}\sqrt{0^2+3^2}} = \frac{9}{\sqrt{162}} = \frac{9}{\sqrt{81\times2}} = \frac{9}{9\sqrt{2}} = \frac{1}{\sqrt{2}} \quad \cdots ④$$

여기에서 θ는 45°인 것을 알 수 있어 두 개의 벡터 a, b가 이루는 각은 45°인 것을 알 수 있다. 즉 두 벡터의 성분만 알면 어떤 각도의 관계인지를 알 수 있다.

벡터의 내적은 어디에 사용할까?

큰 돌을 F 방향으로 당기면 돌의 이동 방향으로 작용하는 힘은 $F\cos\theta$이고 돌이 거리 d만큼 움직였다고 하면 W(일)는,

$$W = \vec{F}\cdot\vec{d} = |\vec{F}||\vec{d}|\cos\theta$$

일 W가 벡터의 내적을 나타낸다.

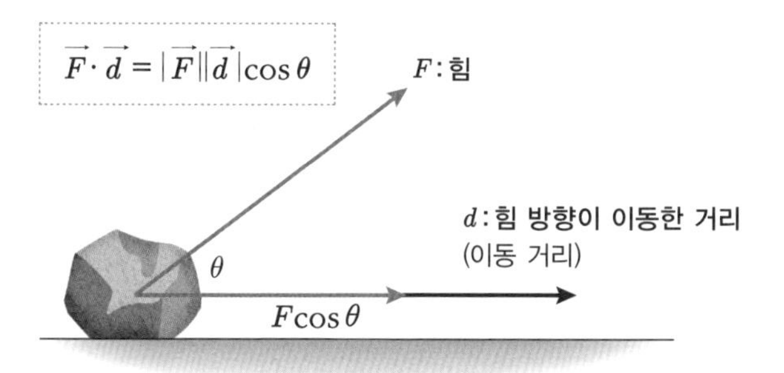

제 3 장

번외(番外)편 3

이것 말고 더 있다!
수학 기호들

equal to, not equal to

=, ≠

이퀄(등호)/ 낫이퀄(부등호)

'=' 기호는 =로 이어진 양 변이 같다는 것을 의미한다.

영국(웨일스 지방)의 수학자 로버트 레코드(Robert Recorde, 1512~1558년)가 1557년에 〈지혜의 숫돌The Whetstone of Witte〉(영어로 쓰인 최초의 대수학책으로 알려져 있다-역자 주)에서 최초로 사용했다고 한다.

Howbeit, for easie alteratiō of *equations*. I will propounde a fewe exāples, bicause the extraction of their rootes, maie the more aptly bee wroughte. And to auoide the tediouse repetition of these woordes : is equalle to : I will sette as I doe often in woorke vse, a paire of paralleles, or Gemowe lines of one lengthe, thus: ═══, bicause noe .2. thynges, can be moare equalle. And now marke these nombers.

'2 plus 3 is equal to 5'와 같이 적는 것이 번거로워 '평행선만큼 같은 것은 없다'는 의미에서 초기에는 위의 문장에서와 같이 긴 '═══'를 사용했다고 한다.

위의 〈지식의 숫돌〉에서 방정식을 간단하게 표현하기 위해 평행선 ═══을 같다는 의미로 사용할 것을 제안한다고 말하고, 아래의 식을 적었다. 이것은 '=' 기호(현재보다 긴 이퀄 기호)를 사용해서 최초로 적은 식으로 알려져 있다.

14.2e.—+—.15.9=====71.9.

영국의 레코드가 제안한 '=' 기호에 대해 프랑스의 르네 데카르트는 '∝'라는 기호를 사용했다.

AB ∝ 1, c'eſt-à-dire AB égal à 1.
GH ∝ *a*.
BD ∝ *b*, etc.

이 의미는 'AB=1, 즉 AB는 1과 같다. GH=a, BD=b 등'이라는 뜻이다. 그러나 이 기호는 아무리 데카르트트라도 레코드의 '='에는 대적하지 못했고, 결국 많은 사람들이 사용하지는 않았다.

대수(代數)뿐 아니라 기하학 분야에서도 길이와 면적, 체적이 같은 경우는 AB=BC와 같이 '=' 기호를 사용한다.

다만 두 도형이 완전히 같은 것을 나타내는 경우에는 '='가 아니라 △ABC≡△CDA와 같이 '≡'(합동)을 사용한다.

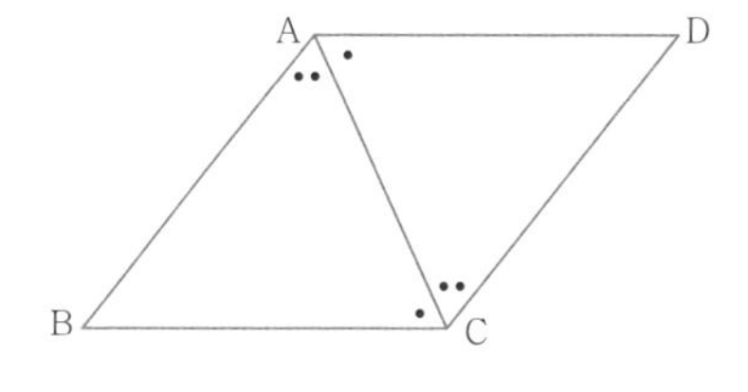

AC = CA
AD∥BC에서
∠CAB = ∠ACD
∠ACB = ∠CAD
따라서,
△ABC≡ △CDA

부등부정 ≠

≠는 일반적으로 낫이퀄이라고 읽고 양변이 같지 않다는 것을 의미한다. 한다. '부등부정', '부정등호'라고 말할 때도 있다. 한편 부등호는 < 또는 >를 말한다.

$a \neq b$, $x \neq 3$

또한 분모 등이 0이 되는 것을 피하기 위해 다음과 같이 사용하기도 한다.

$$\frac{5}{x-3} \text{ (단, } x \neq 3\text{)}$$

엑셀에서 ≠를 표시하려면 키보드에서 '< >'라고 입력한다. 아래 예는 A열의 값이 3이라면 B열에는 A=3이라고 표시하고, 만약 3이 아니면 B열에 A≠3이라고 표시한다는 것을 나타내며, 이때 '< >'가 ≠에 대응하고 있다.

B2 =IF(A2<>3,"A ≠ 3","A=3")

	A	B	C	D
1	2	A ≠ 3		
2	3	A=3		

이것

이퀄을 잘못 사용하면?

문장을 적을 때 편의상 =를 사용하는 일이 있다.

'현재, 중국=사회주의이지만…'이라는 문장은 중국, 즉 사회주의라는 의미로 사용된다. 이렇게 표기하는 것은 괜찮을까?

= 기호는 $a=b$일 때 $b=a$라고 쓸 수 있다. 또한 $a=b$이고 또한 $b=c$라면 $a=c$이다. 따라서 '북한=사회주의'라고 하면 중국=북한이라는 의미가 될 수밖에 없다. 그렇게 해석하는 사람은 없겠지만 =를 함부로 사용하는 것은 주의해야 한다. 또한 프로그래밍 언어에서 $a=5$와 같이 표기했을 때는 변수 a에 5를 대입한다(=의 오른쪽 5를 왼쪽 변수 a에 넣는다)라는 의미로 사용하는 경우가 많다.

approximately equal to

≒, ≐, ~, ≈, ≅
니얼리이퀄(거의 같다)

중학교에서 산성, 알칼리성이라는 단어를 배웠다. 그것이 고등학교에 들어가면 알칼리성이라는 단어 대신 염기성이라는 단어가 등장해서 화학이 갑자기 어렵게 느껴졌다.

사실 알칼리는 조금 애매한 개념으로 염기성과는 완전히 똑같은 것은 않다. 따라서 **염기≒알칼리** 정도로 생각해도 좋다. 이처럼 대수롭지 않게 ≒라는 기호를 사용했다. 이것은 '거의 같다'는 의미를 갖는 근삿값의 기호를 나타낸다.

바빌로니아인들은 $\sqrt{2}$의 근삿값인 1.414213이라는 수를 알고 있었다는 이야기가 있지만(187쪽 참조), 이와 같은 근삿값에 대해서는 $\sqrt{2} \fallingdotseq 1.414213$이라고 표기한다.

그런데 수학 기호의 역사를 잘 아는 전문가는 바빌로니아인은 다음과 같은 무리수의 근삿값 계산 방법을 알고 있었다고 말한다(《수학 용어와 기호 이야기》 중).

바빌로니아인의 무리수의 근삿값 계산…… $\sqrt{a^2+b} \fallingdotseq a+\frac{b}{2a}$

(b가 a^2에 비해 매우 작을 때 위 식은 성립한다)

≒ 기호는 좌변과 우변과는 거의 같다는 의미이다.

위의 근삿값 계산을 $\sqrt{5}$, $\sqrt{10}$으로 확인해보자. 어느 정도 근삿값이 될까.

3

$$\sqrt{5}=\sqrt{2^2+1}\fallingdotseq 2+\frac{1}{2\cdot 2}=2.25\left(\sqrt{5}\fallingdotseq 2.2360679\right)$$

$$\sqrt{10}=\sqrt{3^2+1}\fallingdotseq 3+\frac{1}{2\cdot 3}=3.1667\left(\sqrt{10}\fallingdotseq 3.1622\right)$$

그런데 ≒ 기호는 우리나라에서는 대수롭지 않게 사용되지만 해외에서는 ≈나 ≃ 또는 ~나 ≐를 많이 사용한다. 수학 소프트웨어인 MathType에도 ≒는 없다. 또한 ≒와 ≅나 ≈를 구분해서 사용하는 기준은 딱히 명확하지 않다. 굳이 말하자면 ≒는 수치적으로 가까운 경우에 사용되며, ≅(동형同型)나 ≈(동상同相)는 개념적으로 가까울 때 사용한다. 가령 토폴로지(위상기하학)에서는,

- 도넛(구멍이 하나)과 머그잔은 동일
- 사타안다기*(구멍 없는 도넛)와 피라미드는 같다

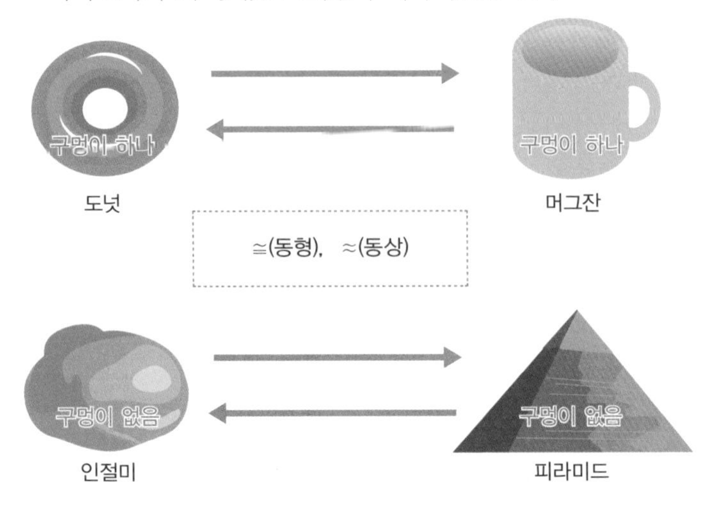

다만 $\approx$와 $\simeq$의 구분은 엄밀하게는 정해져 있지 않다.

근삿값에서 또 하나 기억해두면 편리한 예를 들어본다(바빌로니아인에게 지지 않도록).

【예】 $h \fallingdotseq 0$(표기는 $h \approx 0$이어도 된다)일 때 다음과 같은 근삿값 계산이 가능하다.

$$\sqrt{a+h} \fallingdotseq \sqrt{a} + \frac{h}{2\sqrt{a}} \quad (h \fallingdotseq 0)$$

예를 들어 $a=1$, $h=0.004$일 때 그 근삿값은,

$$\sqrt{1.004} = \sqrt{1+0.004} \fallingdotseq \sqrt{1} + \frac{0.004}{2\sqrt{1}} = 1.002$$

루트 계산이라면 계산기가 간편하다. 가령 아이폰(iPhone)의 계산기 기능(표준 탑재)을 사용해서 계산기 앱을 옆으로 눕히면 함수 계산기가 된다. 여기서 1.004라고 입력하고 $\sqrt[2]{x}$를 누르면 $\sqrt{1.004} \approx 1.001998$(이하 생략)이라고 구해진다.

plus or minus

±, ∓
플러스마이너스(복부호)

산수에서 수학으로, 조금 훌륭해졌다?

예전에 초등학교에서는 산수라고 했지만 지금은 중학교에서처럼 수학이라고 한다. 다만 초등학교에서는 5+2는 5 더하기 2라고 부르고 5−2는 오 빼기 2라고 했지만 중학생이 되면 5 플러스 2, 5 마이너스 2라고 읽는다. 왠인지 조금 자신이 훌륭해진 것 같은 내지는 고도의 학문을 접하는 것 같은 묘한 기분이 들었던 기억이 있다.

'+' 기호는 15세기에 '~와 ~'를 의미하는 라틴어 et(&의 의미)에서 '+' 기호로 바뀌었다고 한다. '−' 기호는 minus의 'm'이 기원이라고 한다

라틴어의 et
(and=&의 의미) & → et → t → t → +

minus의 m m → m → ~ → ~ → −

새로운 기호 ±와 ∓의 등장

초등학교와 중학교에 나오는 +와 − 기호와는 별도로 고등학교에 올라가면 +와 −를 하나로 합친 새로운 기호 ± 또는 ∓이 등장한다. 모두 복부호라 불리는 기호이다. ±는 플러스마이너스라고 읽고 ∓는 마이너스플러스라고 읽는다.

복부호란 복수의 기호(+와 −)를 합한 것이라는 의미이다.

퀴즈

① **복합동순**
② **복호동순**
③ **복부호동순**

정답은 ③

예를 들어,

$$(a+b)^2=a^2+2ab+b^2$$
$$(a-b)^2=a^2-2ab+b^2$$

라고 돼 있으면 좌변이 +(1행째), −(2행째)의 차이에 따라 우변의 부호도 일부 달라진다. 그래서 위와 같이 2행에 걸쳐 적지 않으면 안 되다 보니 번거롭다.

잘 보면 차이는 $2ab$ 앞의 부호뿐이잖아? 그렇다면 다음과 같이 적어도 되지 않을까…하는 생각이 든다.

$$(a\pm b)^2=a^2\pm 2ab+b^2$$

다시 말해 좌변에서 아래의 부호(−)가 될 때는 우변도 아래의 부호(−)를 사용한다는 규칙이다. 마찬가지로 삼각함수의 기본정리에서는 다음과 같은 공식이 있다.

$$\sin(\alpha+\beta)=\sin\alpha\cos\beta+\cos\alpha\sin\beta$$
$$\sin(\alpha-\beta)=\sin\alpha\cos\beta-\cos\alpha\sin\beta$$

이것도 다음과 같은 복호동순의 기호 ±를 써서 1행으로 통합할 수 있다.

$$\sin(\alpha \pm \beta) = \sin\alpha\cos\beta \pm \cos\alpha\sin\beta \quad \textbf{(복부호동순)}$$

편리하다. 1행으로 정리됐다.

그런데 같은 삼각함수의 기본정리에서도 cos의 경우는 조금 부호가 달라진다.

$$\cos(\alpha+\beta) = \cos\alpha\cos\beta - \sin\alpha\sin\beta$$
$$\cos(\alpha-\beta) = \cos\alpha\cos\beta + \sin\alpha\sin\beta$$

이번에는 '좌변이 +일 때는 우변이 −', 그리고 '좌변이 −일 때는 우변은 +' 부분이 있다. 좌변, 우변이 반대가 되면 곤란한 경우는 좌변에 '±' 기호를, 그리고 우변에 '∓' 기호를 사용한다.

$$\cos(\alpha\pm\beta)=\cos\alpha\cos\beta\mp\sin\alpha\sin\beta \quad \text{(복부호동순)}$$

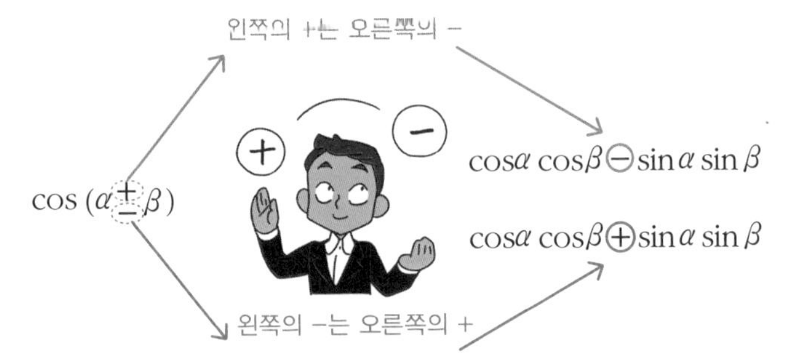

'±'와 '∓' 기호를 동시에 사용할 때는 좌변에서 +일 때는 우변에서는 −, 좌변에서 −일 때는 우변에서 +가 된다는 의미이다. ∓도 복부호 기호이다.

+, − 세계도 의외로 깊이 있다.

$\overset{\frown}{AB}$, $\overline{AB}$

호AB, 현AB

오른쪽 아래의 원에서 활의 현과 비슷한 부분을 현이라고 하고 기호 $\overline{AB}$로 나타낸다. 이 현에 대응하는 곡선 부분을 호라고 하며 기호 $\overset{\frown}{AB}$로 나타낸다.

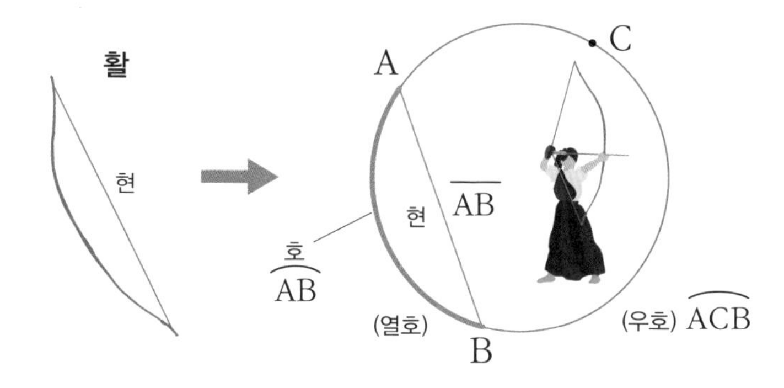

중학생 때 '$\overset{\frown}{AB}$는 빨간 부분 이외에도 또 하나 있는데, 어디에 있는지가 아냐?'는 질문을 받은 적이 없을까. 그래서 찾아낸 것이 $\overset{\frown}{AB}$라고 생각했던 짧은 호와는 반대쪽에 있는 큰 호이다. 이처럼 큰 호를 우호(호 ACB라고 적기도 한다), 작은 호를 열호라고 부르기도 한다. 우리가 보통 호라고 부르는 것은 작은 쪽의 열호이다(열호라 부를 필요는 없다).

또한 기호 $\overline{AB}$는 '현 AB'뿐 아니라 '선분 AB'의 의미로도 사용한다. A와 B는 위치를 나타내므로 이탤릭체가 아니라 정체(로만체)로 표기한다.

Column

상현달, 하현달

그 옛날, 반달은 궁장월(弓張月)이라고도 불렸다. 이것은 반달의 직선 부분을 현이라고 보고 활을 당겨 쏘는 모양처럼 보이기 때문이다. 때문에 반달은 궁장월, 현월이라고도 부른다. 그리고 반달 상태에 따라서 상현달, 하현달이 있다.

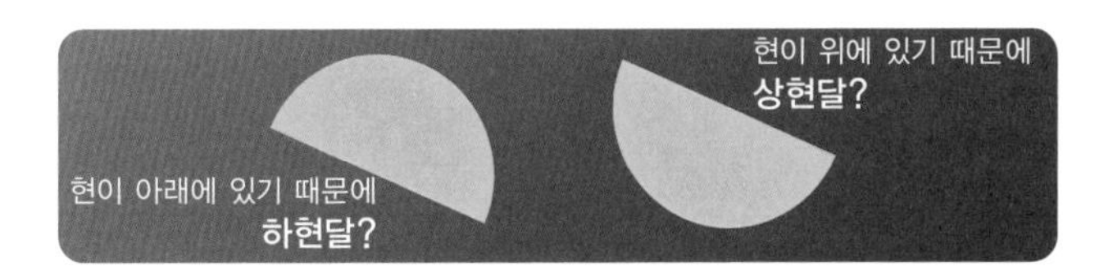

그렇다고 해도 반달이 항상 위 그림처럼 보이면 쉽게 판단할 수 있지만, 사실 동쪽 하늘에서 나와서 서쪽 하늘로 지기까지 아래 그림과 같이 현의 방향이 바뀐다. 때문에 모양만 봐서는 상현달인지 하현달인지 판단하기 어렵다.

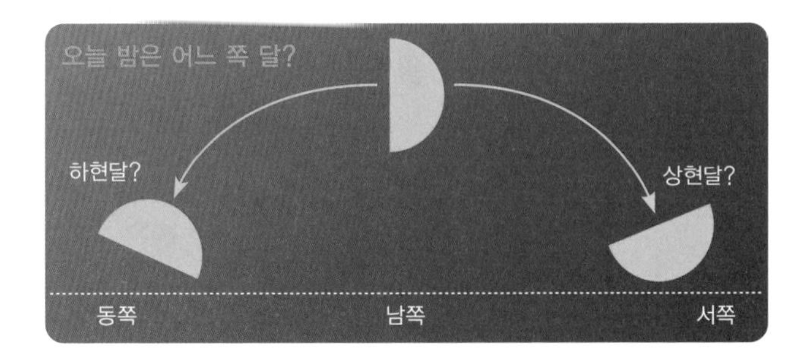

위 그림의 경우는 상현달에 해당한다. 보기에 따라서는,

(1) 달의 오른쪽이 보인다(다음 그림의 초승달~반달의 상태)

(2) 달이 서쪽으로 질 무렵의 모양이 상현이 되어 있다.

위의 둘로 판단할 수 있다. 그것은 왜일까.

다음은 달이 차고 기울어지는 이유를 나타낸 그림이다.

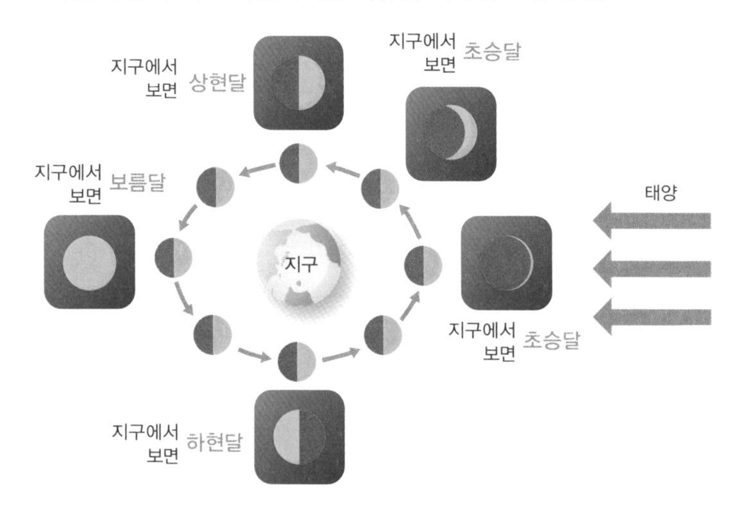

상현달이란 초승달에서 보름달로 향하는 달(위 그림의 오른쪽에 있는 반달)이라고 정해져 있기 때문에 지구에서 보면 달의 오른쪽이 빛나 보인다. 앞 페이지의 아래 그림도 오른쪽이 밝은 달이다. 상현의 모양이 잘 보이는 것은 지평선에서 올라온 낮이 아니라 지평선을 향하는 밤이다.

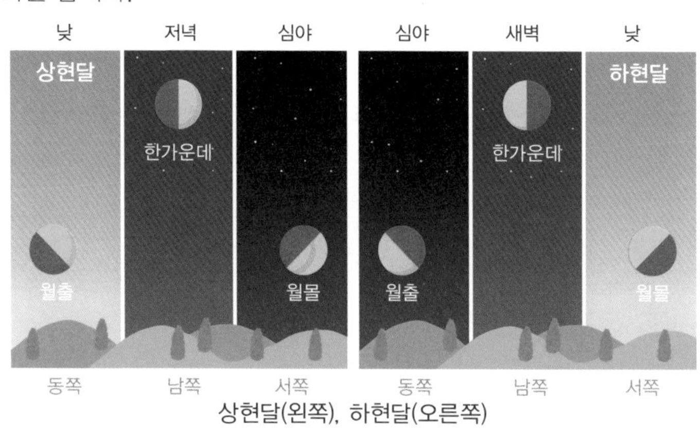

상현달(왼쪽), 하현달(오른쪽)

period, comma

'.'과 ','

피리어드(소수점)와 콤마

정수 부분과 소수 부분을 나누는 기호로 소수점 '.'(피리어드)이 사용된다. 그리고 천을 넘는 숫자에 대해서는 3자리마다 콤마를 찍어 10,000,000원과 같이 표시한다. 이것은 한국, 영국, 미국, 아시아, 남서아프리카 등에서 사용되는 방식이다(영국식)

그러나 모든 나라에서 소수점에 피리어드를 사용하는 것은 아니다. 프랑스, 독일, 스페인 등의 EU 제국, 남아메리카, 북아프리카 등에서는 정수 부분과 소수 부분을 나눌 때 콤마 ','를 주로 사용하고, 이것은 프랑스식이라 불린다.

영국식 1,000,000.152
프랑스식 1.000.000,152

이 차이는 EU 국가의 공항 등에서 환전을 할 때 깨닫는 경우가 많다.

한편 우리나라에서도 **콤마 1초의 차**이라고 말하는 일이 있다. 이 경우의 콤마 1초란 0.1초를 가리키며 콤마=소수점으로 사용된다. 그야말로 프랑스식 사용법이다.

factorial

!

계승(階乘, 1~n까지의 곱)

유미 : 뭐예요, 이 '!'라는 기호는? 뭐라고 읽죠?

지호 : 107쪽에서도 잠깐 말했지만 계승(factorial)이라고 읽어. 흔히 놀라움을 표현하거나 느낌표(감탄 부호, exclamation mark)라고 불리지만 수학에서는 계승이라고 불러.

유미 : 어떤 의미가 있나요? △라면 삼각형, ⊥라면 수직이라는 의미가 있지만 !는…?

지호 : 뭐, 깜짝 놀랄(!) 정도로 큰 수가 된다는 얘기일까.

깜짝 놀랄(!) 정도로 큰 수가 되는 '!'

계승의 계산 방법은 간단하다. 계단 모양으로 하나씩 적은 수를 곱해간다. 계단 모양으로 곱한다(곱셈을 한다)고 하니, 계승이라는 단어도 이해가 되지 않을까?

자, 그럼 얼른 연습해보자.

3

$4!=4\times3\times2\times1=24$

$5!=5\times4\times3\times2\times1=120$

$7!=7\times6\times5\times4\times3\times2\times1=5040$

와 같이 계산한다. 무언가의 계승, 즉 $n!$이라면

$$n!=n\times(n-1)\times(n-2)\times(n-3)\times\cdots\cdots\times3\times2\times1$$

이 된다.

빅토르 위고의 세계에서 가장 짧은 편지의 '!' 란?

유미: 그러면 1의 계승은 $1!=1$, 0의 계승은 $0!=0$이에요?

지호: $1!=1$이지만 $0!$은 0이 아니라 $0!=1$이야. 이유는 그쪽이 합리적이기 때문이지. 예를 들어 $(n+1)!=(n+1)\times\underline{n\times(n-1)\times(n-2)\times\cdots\cdots\times1}$이지. 여기서 밑줄을 그은 부분은 $n!$이야. 따라서,

$(n+1)!=(n+1)\times n!$

이라고 할 수 있겠지. 여기서 $n=0$일 때,

좌변$=(0+1)!=1!=1$

우변$=(0+1)!\times0!=1\times0!=0!$

따라서 $1=0!$이 되는 거지. 그런 이유로,

$0!=1$

이라고 해.

유미 : 자 1!도 0!도 모두 1이라고 기억할게요.

지호 : 옛날에 프랑스의 문호 빅토르 위고(1802~1885년)가 〈레미제라블〉을 출판하고 판매 상황이 매우 걱정돼서 담당 편집자에게 보낸 편지가 '?'라는 한 문자였어.

유미 : 뭐죠, 그 '?'라는 게? 암호 같은 편지에요? 그 편집자 엄청 곤란했겠네요.

지호 : 그렇지 않아. 편집자도 바로 알아차리고 회신을 했다고 해. 위고의 '?'에 대한 대답은 '!'였어. 이것은 유명한 일화니까 상식으로 알아두면 좋아.

유미 : 점점 이해 못 하겠네요. 무슨 얘기에요? '?'에 '!'라고 답을 하다니요?

지호 : 처음 위고의 편지는 '어때? 잘 팔리고 있어?'라는 의미이지. 그리고 편집자의 대답은 '날개 돋친 듯 팔리고 있어요!'라는 의미였고. 이것은 세계에서 가장 짧은 왕복 서신으로 매우 잘 알려진 에피소드야.

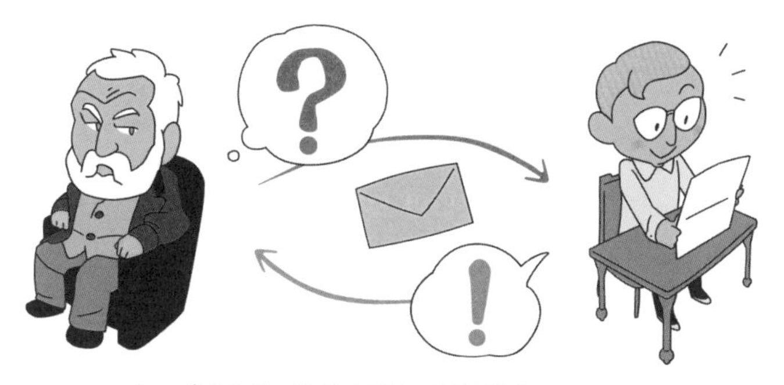

? — (내가 쓴 책 잘 팔리고 있어요?)
! — (좋아요, 날개 돋친 듯 팔리고 있어요!)

parentheses, braces, brackets

( ), { }, [ ]

괄호(밖과 안의 구분)

괄호( )에는 크게 ( ), { }, [ ] 세 종류가 있고, 일반적으로 다음과 같이 읽는다.

(소괄호), {중괄호}, [대괄호]

이것은 계산 순서에도 영향을 미치는데 ( ), { }, [ ]의 순서대로 계산한다(괄호를 풀어간다).

[●+{(●-●)-(●+●)}+{(●-●)+(●-●)}]

괄호의 대응을 주의해서 보면 계산 순서는 알 수 있으므로 그다지 신경 쓸 필요는 없다. 괄호와 누승, 가감승제가 섞여 있을 때 계산 순서는 다음과 같다.

(1) 괄호가 있으면 가장 먼저 괄호 안을 계산한다.

(2) 지수(거듭제곱)가 있으면 그것을 계산한다.

(3) 곱셈, 나눗셈이 있으면 그것을 계산한다.

(4) 마지막에 덧셈, 뺄셈을 계산한다.

우선 (1)에 있듯이 모든 계산 중에서 '괄호 안을 계산한다'는 것을 가장 먼저 해야 한다. 만약 '덧셈, 뺄셈, 곱셈, 나눗셈을 먼저 계산한다'라고만 기억하고 있으면,

$$7-2\times(5-3)=7-\underline{2\times5}-3=7-10-3=-6$$

이라고 해버릴지 모른다. 바르게는 괄호 안을 먼저 계산한다.

$7-2\times(5-3)=7-\underline{2\times2=7-4=3}$ **(정답)**

괄호는 일련의 계산을 통합할 때 편리한 기호이다. 예를 들어 최초에 1만 원의 현금이 있고 어제 2000원 지출하고 3200원이 입금됐다. 또 오늘 1000원과 3000원을 지출하고 800원이 입금됐다고 하면 현재 남은 현금은 얼마인가?라고 했을 때, 그대로,

$$10000-2000+3200-1000-3000+800=8000$$

이라고 적어도 상관없지만 틀리기 쉬운 계산이다.

계산 순서를 틀리면 큰일이다!

그래서 지출과 수입을 하나로 하면,

지출=2000+1000+3000(원)
수입=3200+800(원)

이 된다. 이것을 지출과 수입별로 각각 ( )로 묶으면,

$$10000+(3200+800)-(2000+1000+3000)$$
$$=10000+4000-6000=8000(원)$$

괄호를 사용해서 동류의 것을 제대로 묶으면 계산 절차가 깔끔해지는 이점이 있다.

그런데 괄호가 하나라면 좋지만 괄호 안에 괄호, 거기에 괄호가 하나 더 들어가는 반복 구조로 된 식도 있다.

이 경우 가장 안쪽에 있는 소괄호( )를 제일 먼저 계산하고 다음에 중괄호{ }를 계산, 그리고 마지막에 대괄호[ ] 안을 계산한다.

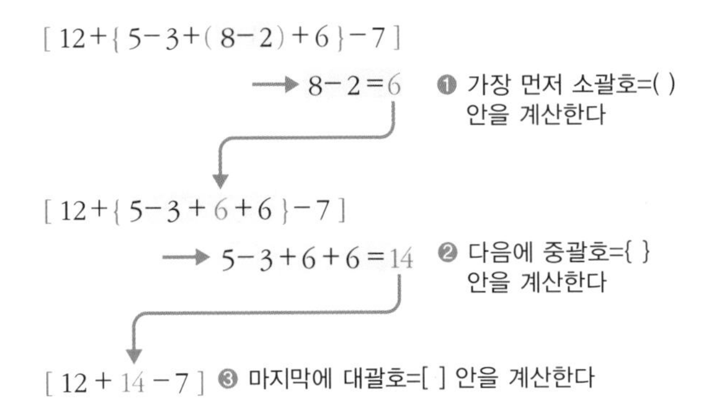

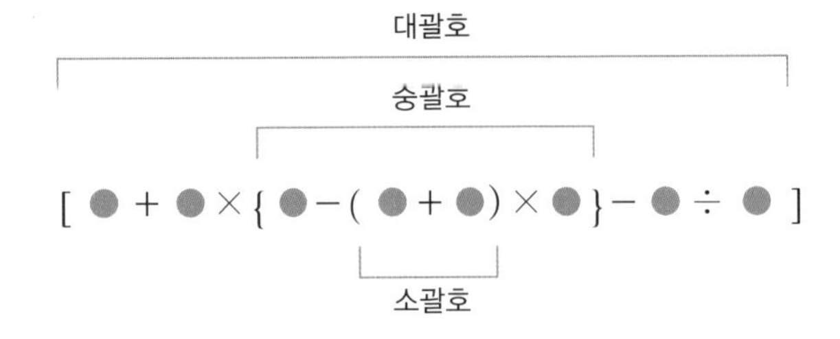

다만 이미 설명한 바와 같이 해외에서는 { }와 [ ]의 계산 순서가 반대인 경우도 있다.

✓ ( )는 개구간, [ ]는 폐구간, { }는 집합

괄호는 계산 순서를 나타내는 외에도 ( )는 개구간, [ ]는 폐구간의 기호로 이용된다. 개구간, 폐구간이란 아래의 그림과 같은 것이다.

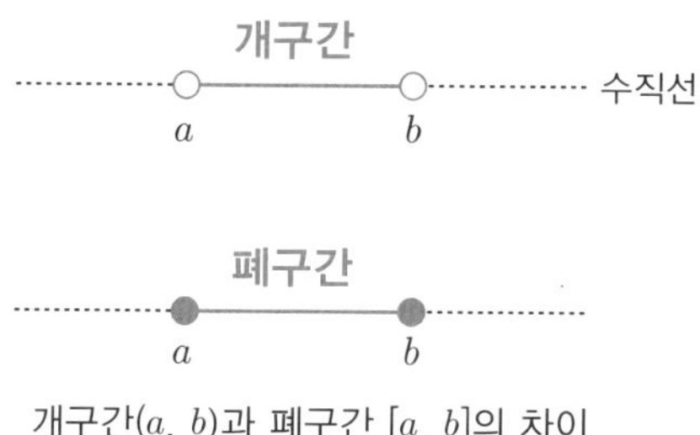

개구간(a, b)과 폐구간 $[a, b]$의 차이

개구간(a, b)이라는 기호로 나타내는 경우 끝점인 a, b는 포함하지 않는다. 다르게 표기하면 $a<x<b$가 된다.

이에 대해 폐구간 $[a, b]$이라는 기호로 나타낸 경우는 끝점인 a, b를 포함하기 때문에 $a \leqq x \leqq b$가 된다.

또 a는 포함하지 않지만 b는 포함하는 경우에는 $(a, b]$라고 표기한다. $a<x \leqq 9$이다. 반대로 a를 포함하고 b는 포함하지 않는 경우에는 $[a, b)$라고 표기한다. $a \leqq x<b$이다.

중괄호{ }는 이미 $\{a_n\}$이라는 수열 표기(47쪽 참조)에도 나온 것처럼 집합에서 자주 사용한다.

기호, 특히 괄호와 같은 흔한 기호는 여러 상황에서 다른 방법으로 사용되므로 주의해야 한다.

gauss symbol

$[x]$, $\lfloor x \rfloor$, $\lceil x \rceil$
가우스엑스(가우스 기호)

일정 이상(무게 등)이면 일정 금액(정액)으로 과금하는 요금 체계가 다수 있다. 가령 택배 서비스의 요금을 그래프화한 결과 다음과 같았다.

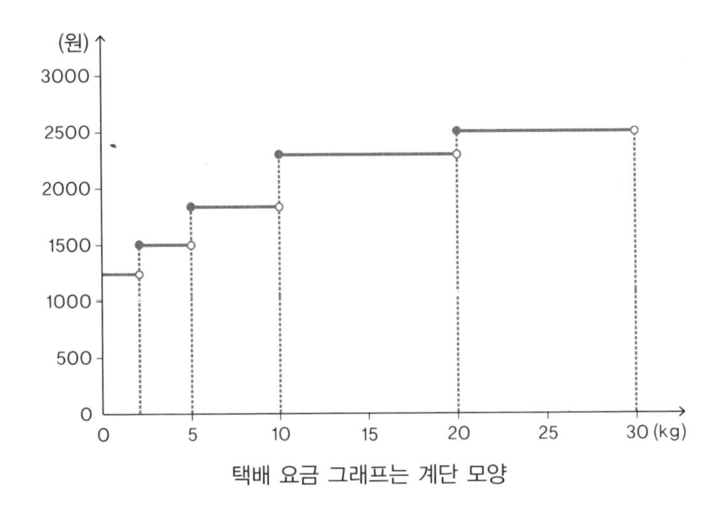

택배 요금 그래프는 계단 모양

완전한 종량제라면 중량에 비례해서 요금이 올라가겠지만(사선 직선상으로), 이 그래프에서는 계단상으로 올라가고 있다. 이것은 '몇g~ 몇g까지는 얼마'와 같은 형태이기 때문이다.

이러한 개념을 나타내는 것에 가우스 기호[ ]가 있다.

이 기호는 **가령, $y=[x]$일 때 y는 x의 정수 부분을 나타낸다**. 즉 x의 소수점보다 아래 값을 버리고 정수 부분만을 남긴다. 그래서 $x=0.8$이라면 $y=0$이 되고 $x=1.5$라면 $y=1$이다. 또한 마이너스인 경우는 $x=-2.5$라면 $y=-2$가 아니라 -3이 된다.

또한 $y=[2x]$일 때 그래프는 오른쪽 아래와 같다. 그래프에서 ●는 이상, ○는 미만이다.

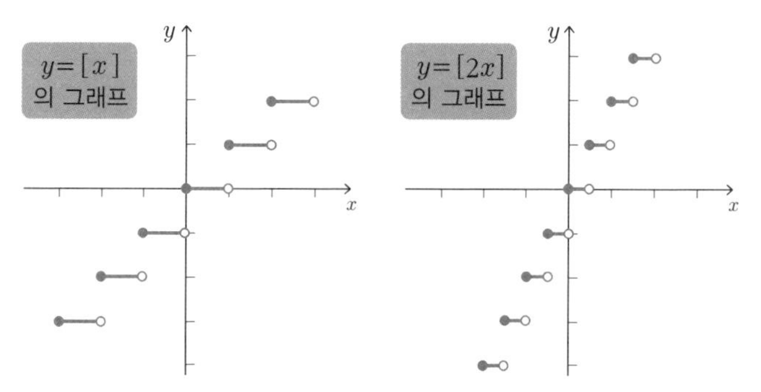

기호 $y=[x]$, $y=[2x]$일 때 어느 위치를 취하는가?

그러면 $y=[x]$에서 나타내는 실수는 **x 이하의 최대 정수**이므로 이것을 바닥함수라고 부르기도 한다. 기호는 $[x]$ 이외에 아래가 닫히고 위가 열린 $\lfloor x \rfloor$를 사용하기도 한다.

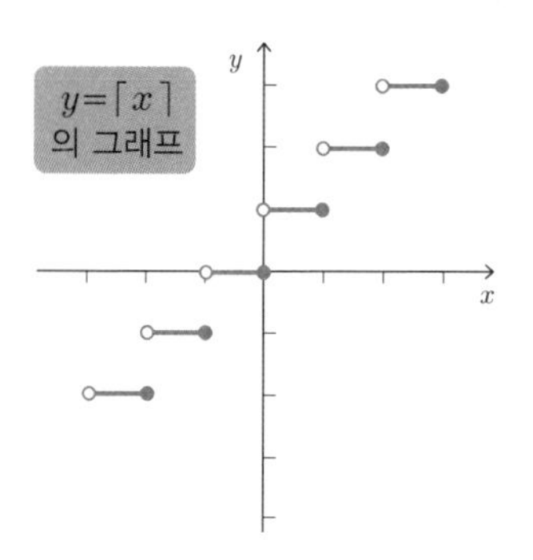

바닥함수와는 반대로 천장함수라 불리는 함수도 있다. 이것은 위가 닫히고 아래가 열린 기호 $\lceil x \rceil$를 사용한다. **x 이상의 최소 정수**를 말하며 $y=\lceil x \rceil$에서 $x=3.2$이라면 '3.2 이상의 최소정수', 즉 $y=4$가 된다.

바닥함수는 어떤 때 사용할 수 있나?

다음 식은 A4 종이(복사용지 등)의 길이를 나타낸 것인데, 여기에 바닥함수 $\lfloor x \rfloor$가 사용된다.

$$\text{A4의 긴 변의 길이} = \left\lfloor \frac{1000}{2^{\frac{2n-1}{4}}} + 0.2 \right\rfloor \text{mm}$$

(A3의 경우는 n=3, A5라면 n=5를 넣는다)

유미: 바닥함수 $\lfloor x \rfloor$의 x 위치에 들어 있는 식이 상당히 복합하네요. 엑셀에 수식을 넣었다고 하고, 이후는 어떻게 하면 될까요?

지호: 우선 n 부분에 수치를 넣어. 가령 A3 용지의 긴 변을 알고 싶으면 n에 3을 넣으면 420.6482076이라고 계산되고 바닥함수이므로 끝수는 버리지. 따라서 A3의 긴 변은 420mm인 것을 알 수 있어.

유미: 짧은 변은 어때요?

지호: A3의 짧은 변을 알고 싶으면 n=3+1로 하면 돼. 즉 A4의 긴 변=A3의 짧은 변이므로, 이렇게 하면 구할 수 있어.

	C	D
	A3(긴 변, n=3)	420.6482076
	A3(짧은 변, n=4)	297.5017788

proportional to

비례(비례 기호)

'∝'는 양 변이 비례(proportionality) 관계에 있는 것을 나타내는 기호이다. '비례, 비례한다'라고 읽는다. ∝ 대신 '~'라는 기호로 나타내기도 한다.

$a \propto b$… (읽는 방법) a는 b에 비례한다.

∝의 모양은 aequales(라틴어)의 ae를 생략한 모양에서 왔다고 한다. 이것은 equal, 즉 같다(이퀄)로 이어지는 단어이다.

그러면 반비례를 나타내는 기호는 없을까? 유감스럽게 반비례를 직접 표현하는 특별한 기호는 없다. 다만 이 경우에도 ∝를 사용하면

$$a \propto \frac{1}{b},\ a \propto b^{-1}$$

라고 해서 반비례를 나타낼 수 있다.

'=' 기호를 설명하는 부분에서도 적지만 데카르트는 등호에 대해서는 '=' 기호를 사용하지 않고 '∞'라는 독특한 기호를 사용했다. 이것은 이 항에서 설명한 '∝'와 아주 비슷하지만 구멍이 뚫린 방향이 좌우 반대이다.

기호는 알기 쉽고 간단한 모양으로 정리하려고 하다 보니 아무래도 비슷한 형상이 많이 있는 것 같다.

duodecimal system etc.

11(12), 34(60), ··· (진법)

'1101' — 이런 숫자가 적혀 있다고 하면, 슈퍼에서 계산을 하는 거라면 1101원일 것이다. 1101원, 즉 10진법이라고 불리는 것이다.

하지만 이것이 프로그래밍의 경우라면 어떨까. 아마 2진법의 1101일 것이라고 추측할 수 있다. 2진법에서 1101은 10진법으로 하면 13에 해당한다.

우리는 10진법에 익숙해진 생활을 하고 있다. 10진법이라는 것은 1~9가 1자릿수이고 10이 되면 새로운 한 묶음이 되는 것이다. 9원의 다음은 십(拾)이라는 새로운 단위로 변한다. 99원의 다음은 백(100)으로 자릿수가 하나 바뀐다.

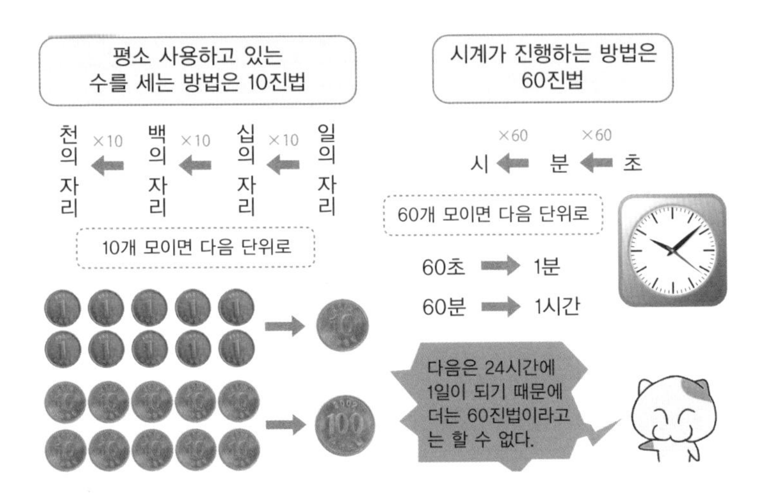

이에 대해 시계는 60초에 1분, 60분에 1시간, 24시간에 1일, 365일에 1년…으로 조금 불규칙적이지만 일반적으로 60진법이라고 불린다.

세상에는 10진법, 2진법, 60진법 이외에도 다양한 '×진법'이라 불리는 것이 있다. 그래서 숫자 뒤에,

$1101_{(10)}$, $1101_{(2)}$, $1101_{(8)}$

와 같이 작은 숫자를 붙여서 몇 진법인지를 나타내는 일이 있다.

○○진법이라고 할 때 자주 사용하는 표기법

60진법 … ●●(60) 또는 (●●)60

16진법 … ●●(16) 또는 (●●)16

2진법 … ●●(2) 또는 (●●)2

바빌로니아의 점토판에 새겨진 숫자

'x진법'에 조금 더 익숙해지기로 하자. 고대 바빌론의 제1왕조(기원전 1830~기원전 1530년)에는 다음과 같은 점토판이 남아 있다. 이것은 60진법으로 기재한 것이다.

60진법을 모르면, 설령 이 숫자를 읽을 수 있어도 그들이 무엇을 말하고 싶은지 알 수 없다. 자, 해독해보자.

해독하기 전에 연습을 해보자. 401.37이라는 10진법의 숫자가 있다고 하자. 이것은 100(=10^2)이 4개, 10(=10^1)이 0개, 1(=10^0)이 1개, 그리고 0.1(=10^{-1})이 3개, 0.01(=10^{-2})가 7개 있다는 의미이다.

$$401.37 = (4\times100)+(0\times10)+(1\times1)+(3\times0.1)+(7\times0.01)$$
$$= (4\times10^2)+(0\times10^1)+(1\times10^0)+(3\times10^{-1})+(7\times10^{-2})$$

거듭제곱의 수가 10진법의 자리가 되어 있다.

즉, 최초의 401.37을 자릿수별로 나누고 그것을 10^2, 10^1, 10^0, 10^{-1}, 10^{-2}로 나누면 되지 않을까?라고 생각할 수 있다.

10^2로 나눈다 $\frac{401.37}{10^2}=\frac{401.37}{100}$ …… 4 나머지 1.37

10^1로 나눈다 $\frac{1.37}{10^1}=\frac{1.37}{10}$ …… 0 나머지 1.37

10^0로 나눈다 $\frac{1.37}{10^0}=\frac{1.37}{1}$ …… 1 나머지 0.37

10^{-1}로 나눈다 $\frac{0.37}{10^{-1}}=\frac{0.37}{0.1}$ …… 3 나머지 0.07

10^{-2}로 나눈다 $\frac{0.07}{10^{-2}}=\frac{0.07}{0.01}$ …… 7

60진법도 마찬가지이다. 앞 페이지의 점토판 숫자를 60^1, 60^0, 60^{-1}…으로 나누어본다. 자, 그럼 시작해보자. 최초의 30도 60진법이다. 이것을 10진법으로 적어본다.

$$30_{(60)} = \frac{30}{60} = \frac{1}{2}$$

대각선에 있는 네 개의 숫자도 계산해본다.

$$\begin{aligned} 1,24,51,10_{(60)} &= \frac{1}{60^0} + \frac{24}{60^1} + \frac{51}{60^2} + \frac{10}{60^3} \\ &= 1 + 0.4 + 0.0141667 + 0.0000463 \\ &= 1.414213 \end{aligned}$$

1.414213은 무엇일까. 이 점토판은 정사각형이고 대각선의 길이를 나타낸다. 이것은 직각이등변삼각형의 빗변에 해당하고 다른 변의 $\sqrt{2}$배=1.41421356배이기 때문에 그것을 나타내는 것은 분명하다.

그러면 최초의 $30_{(60)}$은 10진법으로 $\frac{1}{2}$이므로 그 $\sqrt{2}$배는 0.7071064가 된다. 점토판의 아래 42, 25, $35_{(60)}$를 10진법의 수치로 고치면,

$$\begin{aligned} 42,25,35_{(60)} &= \frac{42}{60^1} + \frac{25}{60^2} + \frac{35}{60^3} \\ &= 0.7 + 0.006944 + 0.0001620 \\ &= 0.707106 \end{aligned}$$

한 변이 $\frac{1}{2}$일 때 대각선의 길이를 나타내고 있다.

바빌로니아에서는 60진법을 사용했다.

therefore, because

∴, ∵ 따라서, 그러므로(결론)/왜냐하면(이유)

∴와 ∵는 모두 증명에 사용되는 기호이다. ∴는 '따라서' 또는 '그러므로'라고 읽으며 그때까지 도출한 결론을 적는 경우에 사용한다. '따라서'라고 3문자를 적는 시간을 아끼거나 답안 용지의 공간을 조금이라도 효율적으로 활용하기 위해 사용하는데, ∴라고 적으면 결론의 내용이 눈에 띄는 효과가 있는 것 같다. 17세기의 스위스 수학자 란(Johann Heinrich Rahn, 1622~1676년)에 의해서 1656년에 사용된 것이 최초라고 알려져 있으며, 나눗셈 기호인 ÷를 만든 것도 란이라고 한다.

∴를 뒤집은 모양인 ∵는 ∴가 결론을 나타내는 것과 반대로 이유를 설명할 때 사용한다. '왜냐하면'이라고 읽는다.

∴와 ∵의 기호는 컴퓨터에서 표시하려면 문자판에서 한 번 선택해서 등록해두면 좋다.

∴와 ∵는 교과서에는 거의 나오지 않지만 교사에 따라서 가르치기도 하고 그렇지 않기도 한다.

한편 스마트폰으로 입력하는 방법을 모르는 문자에 대해 설문조사를 해 순위를 발표한 일이 있다(웹사이트 R25, 2015년). 무려 1위는 ∴, 2위는 ∵. 이어서 3~5위는 £(파운드), ⇔(좌우)였다. 모두 읽는 방법을 알아두면 유용하다.

참 고 문 헌

〈친숙한 수학 기호들〉 오카베 츠네하루, 혼마루 료 외 저, (옴사, 2012년)
〈수학을 구축한 천재들〉 스튜어트 홀 저, (고단샤, 1993년)
〈수학과 수학 기호의 역사〉 오야 신이치, 가타노 젠이치, 쇼카보(2003년)
〈수학 용어와 기호 이야기〉 가타노 젠이치로, 쇼카보(2003년)
〈호토토기스 제2권 제9호〉 마사오카 시키, 창공문고(2011년) *원본은 1899년
〈데라다 토라히코 수필집 제3권〉 데라다 토라히코 저, 이와나미문고(1948년)
〈나는 고양이로소이다〉 나쓰메 소세키, 창공문고(2018년) *원본은 1905년 간행
〈Introduction to Mathematical Philosophy〉 Bertrand Arthur William Russell, COSIMO CLASSICS,New YORK(1993)
〈On an Operational Device in Mesopotamian Bureaucracy〉 A. Leo Oppenheim, The University of Chicago Press(1959)
Rene Descartes, La Geometrie de Descartes *1637년판
https://debart.pagesperso-orange.fr/geomtrie/geom_descartes.html
〈기하학〉 르네 데카르트 저, 치쿠마학예문고(2013년)
〈The Rules of Algebra〉 Gerolamo Cardano, ARS MANGA(1545년)
〈우리 인생의 책〉 카르다노 저, 사회사상사(1989년)

숫자와 기호에 담긴 비밀

수와 기호의 신비

2021. 7. 16. 초 판 1쇄 인쇄
2021. 7. 23. 초 판 1쇄 발행

지은이 | 혼마루 료
감 역 | 박영훈
옮긴이 | 김희성
펴낸이 | 이종춘
펴낸곳 | BM (주)도서출판 성안당
주소 | 04032 서울시 마포구 양화로 127 첨단빌딩 3층(출판기획 R&D 센터)
10881 경기도 파주시 문발로 112 파주 출판 문화도시(제작 및 물류)
전화 | 02) 3142-0036
031) 950-6300
팩스 | 031) 955-0510
등록 | 1973. 2. 1. 제406-2005-000046호
출판사 홈페이지 | **www.cyber.co.kr**
ISBN | 978-89-315-5728-2 (03410)
정가 | 10,000원

이 책을 만든 사람들
책임 | 최옥현
진행 | 김혜숙
교정 · 교열 | 김혜숙
본문 디자인 | 김인환
표지 디자인 | 박원석
홍보 | 김계향, 유미나, 서세원
국제부 | 이선민, 조혜란, 권수경
마케팅 | 구본철, 차정욱, 나진호, 이동후, 강호묵
마케팅 지원 | 장상범, 박지연
제작 | 김유석

이 책의 어느 부분도 저작권자나 BM (주)도서출판 성안당 발행인의 승인 문서 없이 일부 또는 전부를 사진 복사나 디스크 복사 및 기타 정보 재생 시스템을 비롯하여 현재 알려지거나 향후 발명될 어떤 전기적, 기계적 또는 다른 수단을 통해 복사하거나 재생하거나 이용할 수 없음.

■ 도서 A/S 안내

성안당에서 발행하는 모든 도서는 저자와 출판사, 그리고 독자가 함께 만들어 나갑니다.
좋은 책을 펴내기 위해 많은 노력을 기울이고 있습니다. 혹시라도 내용상의 오류나 오탈자 등이 발견되면 **"좋은 책은 나라의 보배"**로서 우리 모두가 함께 만들어 간다는 마음으로 연락주시기 바랍니다. 수정 보완하여 더 나은 책이 되도록 최선을 다하겠습니다.
성안당은 늘 독자 여러분들의 소중한 의견을 기다리고 있습니다. 좋은 의견을 보내주시는 분께는 성안당 쇼핑몰의 포인트(3,000포인트)를 적립해 드립니다.
잘못 만들어진 책이나 부록 등이 파손된 경우에는 교환해 드립니다.